儿童
动植物科普馆

Animals & Plants

主 编/龚 勋

(奇异王国)
Qiyi Wangguo

北方联合出版传媒（集团）股份有限公司

辽宁少年儿童出版社

沈 阳

FOREWORD

动物是我们人类最好的朋友！有了它们，世界才充满了生机和活力。在庞大的动物家族中，有这样一个奇异的群体：呱呱叫的青蛙、慢吞吞的龟、长相凶恶的鳄鱼、经常换"衣服"的变色龙、用"肚子"爬行的蛇……它们就是两栖、爬行动物。这些动物中的大部分既能生活在陆地上，也能畅游在水中，它们共同组成了一个"奇异王国"。

为了让小朋友们了解这些动物，我们精心编写了本书。书中所选动物都是其家族中比较有代表性的成员，翻看有关它们的特点、习性、趣闻等的生动介绍，你会情不自禁地感叹大自然的神奇与美妙。

相信小朋友们通过阅读本书，一定能开阔视野，增长知识，真正体验到走进两栖、爬行动物王国的惊喜与快乐。

目 录
CONTENTS

第一章

两栖动物

很久以前，世界上到处都是游来游去的鱼类。后来，地球环境发生了变化，有些鱼类为了寻找更舒服的地方生活，爬上了岸，于是渐渐变成能在陆地上爬行的两栖动物。常见的两栖动物有青蛙、蟾蜍、蝾螈等。别看青蛙身材娇小，却是保护庄稼的卫兵，是人类的好朋友。蟾蜍和青蛙就像表兄弟一样，只是蟾蜍长相要难看一些，但是它们浑身都是宝，可以做成多种药材。蝾螈也是两栖动物，因为它们数量很少，所以非常珍贵，还是我们国家的保护动物呢！

认识两栖动物

"两栖"这个名称来源于希腊语，意思是"两种生活"。两栖动物主要包括蛙、蟾蜍、蝾螈、蚓螈等，它们从出生到长大，身体形状会经历一系列的变化。所有两栖动物都是"冷血"的，这意味着它们的体温会随着环境的变化而改变。

蛙类是典型的两栖动物，既可以在水中畅游，也可以在岸上"漫步"。

无肺蝾螈通过皮肤和嘴进行呼吸。

用皮肤呼吸

两栖动物的幼体主要通过腮呼吸。长大后，大多数两栖动物能通过皮肤和肺呼吸，它们皮肤下的黏液能使身体表面保持湿润，让氧气可以比较轻易地通过。大约有200种蝾螈没有肺，它们的呼吸只能通过皮肤和嘴进行。

大多数两栖动物的听觉和视觉都很发达。

敏锐的听力和视力

大多数蛙类、蟾蜍和蝾螈都有良好的视力。但洞穴蝾螈因长期生活在黑暗的环境中，逐渐丧失了眼睛的功用。此外，许多两栖动物都有极灵敏的听觉，能帮助它们分辨求偶的鸣声和正在靠近的敌害。

游泳的本领

　　蛙和蟾蜍在游动时身体不能弯曲，但它们的脚都有蹼，游动时，能通过后腿的不断蹬水推动身体前进。它们的孩子——蝌蚪则靠尾巴的左右摆动来游动。蝾螈和蚓螈游起来很像鱼，呈"S"形运动。许多蝾螈和水蜥有发育良好的尾巴，很适合游水。

蝌蚪

蛙类在水中游泳时，依靠强劲的后腿推动身体前进。

在水中产卵

　　大多数两栖动物都在水中进行交配和产卵。蝌蚪是青蛙或蟾蜍的"宝宝"，它们不仅看上去和"父母"完全不同，而且呼吸方式也与"父母"不同，它们是用腮呼吸的。渐渐地，它们发育出了肺，长出了腿，并脱落了尾巴，长成青蛙或蟾蜍。

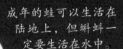

两栖动物典型的生命周期

成年的蛙可以生活在陆地上，但蝌蚪一定要生活在水中。

蛙：野外小喇叭

长趾蛙

夏季的雨后，在野外，我们总能听到青蛙们在"吹喇叭"。青蛙是一种我们比较熟悉的蛙类，除了它们，世界上还有许多种长相各异的蛙。

会爬树的雨蛙

蛙的生长

蝌蚪的形体清晰可见。

刚孵化的蝌蚪

一只成年的青蛙每月能产下10万枚卵。

奇特的眼睛

蛙的眼睛看起来非常奇特。例如，红眼树蛙的瞳孔是垂直的，善于夜视和迅速对光线变化做出反应，像猫眼一样。蛙看不见静止的物体，但一旦有活动的物体从它们面前掠过，便休想逃出它们的大眼。

雨蛙喜欢在雨后的黄昏唱歌。

白网雨蛙

蛙鸣探秘

蛙的鸣叫声是各不相同的，而且涵义丰富。春天，雄蛙的鸣叫声异常响亮，这是年满2岁的成年雄蛙发出的求偶信号。蛙们划分领土时也会发出震耳欲聋的蛙鸣，表明它们讨论得十分激烈。许多蛙的鸣叫声很有特点，比如，虎纹蛙的鸣叫声有点像麻布的撕裂声。

蛙的发声示意图

①张开鼻孔，吸入空气，将肺部充满，然后关闭鼻孔。

②肺部的空气压入声囊，蛙鸣叫时，空气在肺和声囊之间来回压送。

蝌蚪

长出前腿。

长出后腿。

尾巴变短。

成为成年个体。

捉虫能手

蛙类捕食昆虫的时候，常常后腿蜷着跪在地上，前腿支撑，张着嘴巴仰着脸，一动不动地盯着猎物。等虫子到达自己的触及范围内时，它们就猛地向前一蹿，舌头一翻，然后稳稳地落在地上，这时虫子已经进入了它们的肚子。

睡大觉过冬

当寒冷的冬季即将来临时，多数蛙便会用后肢挖掘洞穴，然后潜入洞穴中，用土壤的温度和湿度包裹身体，开始漫长的冬眠。

除了少部分生活在热带地区的蛙类，大部分蛙类都有冬眠的习惯。

虎纹蛙：穿虎袍的"大个子"

虎纹蛙是蛙类中体型较大的一种，也就是我们常说的"田鸡"。因为它们的四肢有明显的横纹，看上去好像老虎身上的斑纹，所以得名"虎纹蛙"。

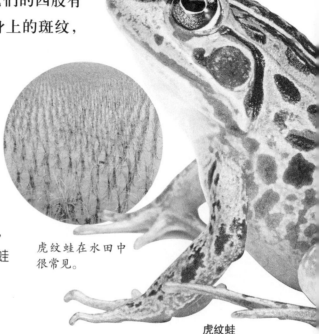

稻田中的"大个子"

虎纹蛙身体大而且粗壮，体长可以超过12厘米，体重可以达到250克，是稻田中体形最大的蛙。它们背部的皮肤很粗糙，通常呈黄绿色，略带棕色。与头侧、体侧一样，虎纹蛙的背部也有不规则的深色斑纹。

虎纹蛙在水田中很常见。

虎纹蛙

划分"势力范围"

虎纹蛙常生活在丘陵地带海拔900米以下的水田、沟渠、水库、池塘、沼泽地等处。雄性虎纹蛙占有一定的领域，即使密集居住的时候彼此间也有10米以上的距离。当它们发现其他同类在自己的"势力范围"内活动时，就会很快跳过去将入侵者赶走。

荷叶上的虎纹蛙

虎纹蛙有很强的"地域"观念。

蛙中"猛虎"

　　虎纹蛙最常吃的食物是昆虫，也吃蜘蛛、蚯蚓、虾、蟹、泥鳅，以及动物尸体等。令人难以置信的是，虎纹蛙还吃泽蛙、黑斑蛙等小型蛙类和小家鼠，而且它们在虎纹蛙的食物中占有很重要的位置。看来虎纹蛙不仅长了一身虎纹，也的确是蛙类中名不虚传的"猛虎"。

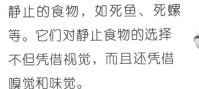

昆虫是虎纹蛙最
常吃的食物。

身材小巧的泽蛙经常成
为虎纹蛙的口中之食。

用嗅觉捕食

　　一般蛙类只能看到运动的物体，所以只能捕食活动的食物。但虎纹蛙不仅能捕食活动的食物，还可以直接发现和摄取静止的食物，如死鱼、死螺等。它们对静止食物的选择不但凭借视觉，而且还凭借嗅觉和味觉。

虎纹蛙的嗅觉
很灵敏。

树蛙：爬树高手

并不是所有的蛙都生活在水中或地面上，有些蛙还能够爬到树上呢！在这些爱登高的蛙中，最有名的就是树蛙。树蛙不仅爱在树上栖息，而且有很多种类还把卵产在树上呢！

爬树高手

树蛙多数生活在树上，所以趾间的蹼不像善于游泳的青蛙那样发达，而是五趾分开，每个趾端长着一个圆圆的肉垫。这些肉垫是吸盘，能吸附在物体上，树蛙就是靠这些吸盘爬上树的。

树蛙喜欢待在树上。

树蛙爬树的秘密"武器"是它们趾上的吸盘。

日本奄美树蛙

昼伏夜出

树蛙属于夜行性动物，白天的时候，它们多半是把身体平贴着叶片或地面，躲得好好的，闭着眼睛睡觉。晚上是树蛙们活动的时间。由于它们的眼睛只能看见会动的东西，所以凡是飞过或爬过它们眼前，长得比它们小的甲虫、蚯蚓、毛毛虫等都会成为它们的美食。

白天，树蛙常常
一动不动地平
贴着叶面。

皮肤忽明忽暗的红眼树蛙

红眼树蛙长着一对红红的眼睛，它们的脚趾
大大的，能帮助它们在树上爬来爬去捉昆虫吃。
红眼树蛙的皮肤在夜里会变
暗，这样，天敌就无法看到
它们了。天亮的时候，它们的
皮肤会发出绿色的亮光，使它们
看上去像绿色的树叶。

红眼树蛙

会"飞"的豹树蛙

与其他树蛙不同的是，豹树蛙
具有滑翔的本领。它们能利用前肢
与后肢趾间的蹼，在空中做出转身
180°的高难度动作，而趾端的吸
盘可使它们稳稳地降落在树干
或叶片上。

豹树蛙

雨蛙：雨后"歌唱家"

雨蛙和树蛙一样具有爬树的本领，而且它们还是天生的"歌唱家"。夏天的阵雨过后，雨蛙就开起了"演唱会"。开始是几只雨蛙的独唱，渐渐地，所有的雨蛙都跟着唱起来，此起彼伏，整夜不断。

雨蛙的鸣囊可以鼓得和它们的身体一样大。

灰绿雨蛙

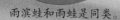

超级"乐手"

雨蛙是蛙类中著名的"乐手"。鸣囊是它们的"音箱"。雨蛙的鸣囊在下巴两侧，像一个圆圆的气球。雨蛙唱得越响，"气球"就越大，有时可以鼓得和它们的身体一样大。

雨滨蛙和雨蛙是同类。

雨蛙常在雨后大声地"歌唱"。

爬树的本领

和树蛙一样，雨蛙脚趾的末端也有吸盘，脚趾间有蹼，具有爬树的本领。雨蛙白天大多趴在靠近树根的洞穴或岩石缝中休息，晚上在灌木上栖息。

雨蛙也是个爬树高手。

正在鸣叫的雨蛙

天气预报员

雨蛙是一名合格的"天气预报员"。晴天时，它们待在树上，阴天就蹲在地上。雨蛙这样爬上爬下，是因为：天气好时，昆虫飞得高，要抓到它们，就得爬到树上；阴天时，昆虫飞不高，雨蛙就在地上等着。所以，看雨蛙是在树上还是地上，就可以知道天气要变晴还是变阴了。

雨蛙爬上爬下是为了捉虫子。

雨蛙的保护色

南美洲有一种雨蛙，它们的皮肤图案就像是树皮，这使它们能够在石头和树的背景中"消失"。雨蛙中也有一些色彩鲜艳的，它们静止不动时只显露绿色，不容易被发现，而跳跃时则显露出身体两侧明亮的颜色，用来迷惑敌人。

有些雨蛙的皮肤颜色能随环境的变化而变化。

箭毒蛙主要生活在中、南美洲的热带雨林地区。

箭毒蛙：追命毒蛙

箭毒蛙主要分布在巴西、圭亚那、哥伦比亚和中美洲的热带雨林中，但它们的大名却走出了美洲，传遍了全世界。这是因为它们的身体里带有剧毒，令人谈之色变。

小巧的体形

箭毒蛙是一种体形很小的蛙，最小的仅1.5厘米长，比人的指甲稍大一些，但也有少数成员可以长到6厘米长。箭毒蛙虽然长得袖珍小巧，但除了人类，没有任何一种动物敢惹它们。

箭毒蛙的体形非常小巧。

颜色艳丽的箭毒蛙

艳丽的颜色

箭毒蛙是世界上最毒的蛙，也是最美丽的蛙。许多箭毒蛙的表皮颜色非常鲜亮，多半带有红色、黄色、蓝色或黑色的斑纹。这些艳丽的颜色在动物界叫作警戒色，主要是向别的动物发出警告：不要靠近，小心送命。

箭毒蛙的天敌很少。

背上的剧毒

箭毒蛙的毒液通过皮肤内的腺体分泌出来。这些毒液的毒性非常强，十万分之一克的毒液就可以杀死一个人，一只箭毒蛙的毒液足以杀死2万只老鼠。由于箭毒蛙毒液的毒性极强，所以生活在南美洲丛林中的印第安人常把它们的毒液涂抹在箭头上，用来打猎。

箭毒蛙有着非常强的毒性。

箭毒蛙也叫丛蛙。

尽职的"父亲"

箭毒蛙喜欢在凤梨科植物附近、有少量积水的地方繁殖后代。产卵后，箭毒蛙"妈妈"就会悄然离去，只有箭毒蛙"爸爸"留下来耐心地照料后代。卵一旦发育成蝌蚪，箭毒蛙"爸爸"便将蝌蚪分别背到不同的、有很多积水的地方，因为它们的蝌蚪是肉食性的，两个蝌蚪在一起会自相残杀。

牛蛙：蛙中"大块头"

牛蛙叫声很大，它们能发出"哞哞"的鸣声，像牛的叫声一样，所以人们给它们起了"牛蛙"这个名字。牛蛙是蛙中的"巨无霸"，体形比普通青蛙大得多。

牛蛙

牛蛙的皮肤比较粗糙。

巨大的身体

牛蛙长得和普通青蛙很相似，但个头要大得多。雌性牛蛙体长可达20厘米，雄性牛蛙可达18厘米，最大的体重可达2千克。牛蛙身体表面比较粗糙，有绿色或棕色的条纹，但雌性牛蛙和雄性牛蛙的体色有些不大一样。

牛蛙的身体比普通青蛙大得多。

美洲牛蛙

爱吃肉的家伙

牛蛙爱吃的食物有很多，比如螺、蚌、小虾、小鱼、小型的两栖和爬行动物，连哺乳动物的内脏也很爱吃。有时候，它们还会吞吃小鸭子。在没有食物的时候，它们还常常吃自己的同类，真是残暴的家伙。

蚯蚓和螺类是牛蛙很爱吃的食物。

非洲牛蛙

捕食过程

　　牛蛙大多选择在安全、僻静的浅水区，或离水不远的陆地上捕食。它们很有耐心，常常一动不动地待在一个地方等待猎物，直到猎物出现。发现猎物时，它们便猛扑过去，由于它们的动作很敏捷，所以一般很少落空。

蛇吞牛蛙

蝌蚪也残暴

牛蛙是一大生态"杀手"。

　　牛蛙原产于北美东部，但现在已经被引入世界各地。牛蛙的出现，给各地的蛙类"原居民"带来了灾难。成年牛蛙会捕食其他蛙类，蝌蚪也会捕食其他蛙类的蝌蚪。牛蛙处于蝌蚪的时期可长达3年，所以对其他蛙类蝌蚪的危害相当大。

蟾蜍的全身长满疙瘩。

蟾蜍：浑身是宝的丑八怪

蟾蜍和青蛙同属于蛙类。

蟾蜍也叫"癞蛤蟆"，是因为它们的背上长满了大大小小的疙瘩。虽然长相丑陋，但蟾蜍身上满是宝贝：蟾舌、蟾肝、蟾胆等都是名贵的药材，可治疗多种疾病。

正在产卵的蟾蜍

丑陋的蟾蜍

蟾蜍与青蛙

虽然都是蛙类，但蟾蜍还是与青蛙有很多不同。例如：青蛙的卵是一团一团的，蟾蜍的卵却像连成一串的珠子。青蛙的蝌蚪尾巴很长，颜色比较浅，嘴在头部前面；蟾蜍的蝌蚪尾巴比较短，浑身黑色，嘴在头部下面。

不善于游泳

蟾蜍行动笨拙蹒跚，不善于游泳。由于后肢较短，它们只能做小距离的、一般不超过20厘米的跳动。但由于它们的皮肤比较厚，具有防止体内水分过度蒸发和散失的作用，所以能长久地居住在陆地上。

蟾蜍的后肢没有青蛙发达。

蟾蜍蜕皮前的样子就像在发呆一样。

蜕掉旧皮

蟾蜍冬眠醒来后，会蜕掉身上的旧皮。蜕皮前，蟾蜍会爬上岸"发呆"，一会儿的工夫全身就开始"出汗"，后背正中还出现一道缝隙。蟾蜍的身体从皮肤的缝隙中钻出来后，马上把蜕下的皮吞进肚子里。

害虫天敌

白天，蟾蜍隐蔽在阴暗的土洞或草丛中。傍晚，蟾蜍开始在池塘、河岸、田边、菜园、路边或房屋周围活动，尤其在雨后，常常集中在一起捕食各种害虫。原来，难看的蟾蜍还是保护庄稼的卫士呢！

蟾蜍的食物

蟾蜍能长久地在陆地上生活。

海蟾蜍：南美巨蛙

海蟾蜍又叫"南美巨蛙"，是一种原产于南美洲和中美洲的大型蟾蜍，也是世界上最大的蟾蜍。海蟾蜍几乎不怕任何食肉动物，因为它们皮肤里的液腺能产生巨毒，所以，它们在自己的生活区里常常横行无忌。

巨大的个头

海蟾蜍皮肤为褐色或黄褐色，上面点缀着颜色较深的斑块；腹部则为乳白色。和普通的蟾蜍相比，它们最大的特点就是身体粗壮、个头巨大。野生状态下，雌性海蟾蜍的重量常常超过1千克。

海蟾蜍的个头比普通蟾蜍大得多。

剧烈的毒性

海蟾蜍身上有一对大如硬币的毒腺，能分泌剧毒。海蟾蜍的毒液通常是流出来的，但愤怒时也能喷出毒液。如果毒液通过眼睛、嘴和鼻子进入"敌人"体内，就可能使"敌人"失明甚至丧命。

海蟾蜍通过喷射毒液攻击敌人。

海蟾蜍的繁殖
力非常惊人。

爱吃的食物

海蟾蜍个头大，食量也很惊人。它们长着一张大嘴，可以很方便地把食物吞进肚子。海蟾蜍通常在黄昏时进食，主要以昆虫为食，也吃蜥蜴、青蛙和小型的啮齿动物。因为天敌很少，所以它们繁衍得很快。

惊人的繁殖力

海蟾蜍的繁殖速度非常惊人。一只雌性海蟾蜍一次可以产下两万枚卵，而且全年都可以繁殖。一个地区如果有100只海蟾蜍的话，6个月以后，它们的家族就会增加五六万名新成员。

海蟾蜍常常吃小型的两栖、爬行动物。

负子蟾：背上养宝宝

负子蟾

在南美洲的圭亚那和巴西的热带森林中，生活着一种奇特的两栖动物：负子蟾。负子蟾的繁殖方式很特别，它们的"孩子"是在雌蟾的背上抚育出来的。

有些负子蟾的身体像树叶一样。

扁平的身体

负子蟾有好几种类型，身体形状接近长方形，而头部呈三角形。有的负子蟾身体非常扁平，就像一片枯树叶。负子蟾的"手指"很纤长，后腿强壮有力，趾间有蹼，是水中的"游泳健将"。

在水里生活

负子蟾以水生昆虫、小虾、小鱼等为食，它们在水底静止不动时，与水中的枯枝叶、水草等水中植物混为一体，无法分辨。这为它们捕食和躲避敌害袭击，提供了非常好的掩护。

负子蟾卧在水底的时候，就像一片枯树叶。

负子蟾的头部

在雨季繁殖后代

负子蟾一生都生活在水中。在长期干旱的情况下，负子蟾大多集中在尚未干涸的水塘内生活。雨季到来后，它们便分散活动，并开始繁殖后代。

在干旱的季节，负子蟾都集中在一些尚未干涸的水塘里。

在"妈妈"背上成长

在繁殖期内，雌性负子蟾的背部会变得厚实且柔软，像海绵一样，雄蟾这时会把水中的卵一个一个用"脚"夹起来，"按"到雌蟾的背上。24小时之内，雌蟾的背部会开始胀大，把一个个受精卵包裹起来。在以后的12周至20周之内，卵会变成蝌蚪，最后变成小负子蟾"破茧而出"。

雄性负子蟾正把"孩子"安放到雌性负子蟾的背上。

非洲爪蟾：利爪勇士

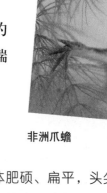

非洲爪蟾生活在非洲南部的池塘和湖泊里，它们的一生基本上都是在水中度过的。非洲爪蟾前肢的趾末端长有三个爪子，是它们捕食和进食的得力工具。

非洲爪蟾

非洲爪蟾的眼睛和鼻孔都在头部的正上方。

长着爪子

非洲爪蟾的身体肥硕、扁平，头尖尖的，呈流线型。特别的是，它们的眼睛和鼻孔都朝上。非洲爪蟾后肢很发达，有五个趾，趾间有发达的蹼，其中位于内侧的三个趾末端有角质化的爪子，所以人们称它们为非洲爪蟾。

进餐真有趣

非洲爪蟾进餐时的样子非常有趣。捕食时，它们会用前肢在水底乱搅一番，以便把食物拨进嘴里。如果食物过大，它就用后肢上的爪子把它们撕碎再吃。

奇特的"求爱"方式

非洲爪蟾一岁左右就可以"谈情说爱"了。雄性爪蟾大多在初春到晚夏之间向雌性爪蟾表达爱意。但它们的情话不是通过声囊发出的,因为它们不具有蛙类常见的发音器官。当雄性爪蟾看上雌性爪蟾时,就会朝着对方使劲收缩喉部的肌肉,这样雌性爪蟾就会听到雄蟾的"甜言蜜语"了。

夏天睡大觉

在非洲,非洲爪蟾具有"夏眠"的习惯。当夏季池塘干涸时,非洲爪蟾会在泥里挖一个洞躲起来,进入休眠状态。直至雨季来临,它们才会重新出来活动。

非洲爪蟾有"夏眠"的习惯。

非洲爪蟾极少爬到岸上活动。

大鲵：爱哭的"娃娃"

说到大鲵，没有几个人知道，但提起叫声像婴儿啼哭的娃娃鱼，几乎无人不知，无人不晓。其实，大鲵就是我们所熟知的娃娃鱼。以前，由于娃娃鱼的味道鲜美，人们大量捕杀，导致它们数量急剧减少，所以现在它们已经被我国列为保护动物了。

怪模怪样

大鲵的样子可不像它们的名字那样可爱：脑袋又大又扁，眼睛和鼻孔却很小，身后还拖着一条长长的大尾巴。大鲵全身光滑，没有鳞片，四条腿又短又胖。游泳时，大鲵的四肢紧贴肚皮，靠摆动尾部和身体拍水前进。

大鲵和蝾螈长得很相似。

大鲵能把青蛙一口吞下。

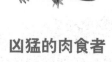

凶猛的肉食者

大鲵是凶猛的捕食者，它们不仅吃鱼、虾、鸟，甚至连蛇和老鼠都敢吃。白天，它们头朝外趴在洞穴中，一有猎物经过，就突然出击，一口把猎物吞下。晚上，大鲵从洞穴中出来，守在河流边，张开大嘴等待水里的猎物自投罗网。

大鲵四肢短扁。

大鲵喜欢在洞穴中守候猎物。

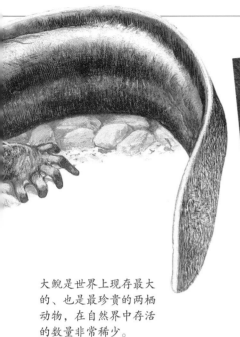

大鲵是世界上现存最大的、也是最珍贵的两栖动物，在自然界中存活的数量非常稀少。

不能咀嚼的牙齿

大鲵有锯齿一样的牙，但却不能咀嚼，只能阻挡食物流到嘴外面。食物吞下之后，能在大鲵的胃中慢慢消化。因此大鲵很耐饿，即使几个月不吃东西，也不会饿死。

大鲵的卵

大鲵喜欢清澈的河流，把家也安在水下的洞里。

生性娇贵

大鲵对生活环境的要求很高，喜欢水质清澈的山溪或河流，并居住在水草繁茂的岩洞里、大石下或凹坑中。因为浑浊的水会使它们呼吸困难，威胁到它们的生命。

蝾螈：两栖长尾怪

蝾螈的皮肤大多比较光滑。

　　蝾螈是很害羞的动物，通常藏在潮湿的地方或水下。它们的皮肤光滑而有黏性，尾巴很长，头部钝圆，长相十分怪异。蝾螈中许多种类终生在水中生活，而另一些则完全生活在陆地上，它们中有的在潮湿黑暗的洞穴中生活。

体色艳丽的蝾螈

　　陆栖蝾螈在陆地上产卵，小蝾螈的发育在卵内就会进行，当小蝾螈孵化出来后，看上去就像成年蝾螈的微缩版。水栖蝾螈则在水中产卵，小蝾螈孵化出来后，就像蝌蚪一样，随着时间的推移，小蝾螈会渐渐失去鳃，变为成年的样子。有些蝾螈不产卵，可以生下完全成形的小蝾螈。

居住的地点

蝾螈多孔的皮肤能让水和空气通过，容易导致水分的散失，所以多数蝾螈栖息在潮湿的环境中，陆栖能力好一点的种类可以离水较远，但生活的环境仍以潮湿的苔藓环境为主。

蝾螈有着长长的尾巴。

长着长尾巴

蝾螈身体短小，有4条腿，皮肤潮湿，体长为10～15厘米，大多具有明亮的色彩和显眼的外形。蝾螈都有尾巴，外形和蜥蜴很相似，但身体表面没有鳞片。它们与蛙类不同，一生都长着长尾巴。

有些蝾螈在长满苔藓的环境中生活。

水栖蝾螈

五花八门的防卫方式

蝾螈有许多防御战术。有些蝾螈遇到危险时，会举起尾巴，直立下颌，显示出它们色彩亮丽的腹部，来恐吓敌人；许多蝾螈用有毒的皮肤和艳丽的色彩来警告捕食者：它们是很危险的；还有些蝾螈在遭到攻击时能脱落尾巴，趁机逃生。

有些蝾螈身上带有鲜艳夺目的警戒色。

火蝾螈主要生活在
高山森林中。

火蝾螈：黄色火焰

　　火蝾螈的身体上有大片艳丽的黄色。由
于喜欢藏身在枯木缝隙中，所以当枯木被人拿来生火时，
它们往往惊逃而出，就像从火焰中诞生一样，火蝾螈因此而得名。

带有毒性

火蝾螈身上黄色和黑色的图案是一种警告色，像是在警告敌人：我的皮肤有毒，赶快走开。火蝾螈确实是有毒的，它们的双眼后侧和背脊两侧都有毒腺，如果受到威胁，就会分泌出牛奶状的毒液。

火蝾螈

低温下生活

火蝾螈分布在欧洲大陆的高山森林中，那里的温度一般不超过20℃，所以火蝾螈习惯温度较低的环境，并有冬眠的习惯。一旦温度超过25℃，它们就无法存活。

离不开水

火蝾螈生活在森林里和其他潮湿的地区。它们通常夜里出来活动，但是饥饿时白天也会出来觅食。成年的火蝾螈虽然主要在陆地上生活，但它们离不开水，否则超过一天就会因脱水干枯而死。

小蝾螈身上的黄斑要到成年后才会最终长成。

火蝾螈的头部

小蝾螈的成长

火蝾螈会在池塘和溪流里产下"子女"。小蝾螈在水中生活3～5个月后，会上岸开始陆地生活，外鳃也逐渐脱落。这时小蝾螈的外形已完全与它们的"父母"相同，只是小很多。

鳗螈：长腿的 "鳗鱼"

鳗螈是北美洲独有的一种动物，长得很像鳗鱼，不过却比鳗鱼多了两条细弱的前肢。它们白天隐藏在水草间或洞穴中，到了夜间才出来活动，以蜗牛、鱼、虾等为食。

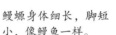

鳗螈身体细长，脚短小，像鳗鱼一样。

细长的身体

鳗螈身体细长，尾巴较短，长得非常像鳗鱼，所以人们给它们取了 "鳗螈" 这个名字。和鳗鱼不同的是，鳗螈长有腿。不过由于长期在水里生活，很少用到腿，所以它们的后腿已经消失了，前腿也只剩下又细又短的一小截。

圆滚滚的大鳗螈

做 "茧" 抗旱

鳗螈生活在较浅的安静水域或流淌缓慢的溪流中。经常在水底杂草之间活动，偶尔爬上陆地。遇到长期干旱时，鳗螈皮肤分泌的粘液就会在土穴内形成一个坚硬的外壳，像昆虫的茧一样，这可以使鳗螈在茧壳内度过干旱恶劣的时期。

在水中生活的鳗螈既可以用鳃呼吸，也可以用肺呼吸。

鳗螈家族的成员

　　鳗螈家族有三个成员：小鳗螈、矮鳗螈和大鳗螈。小鳗螈是最普通的鳗螈，身体长度为70厘米。矮鳗螈也叫拟鳗螈，身体长度只有25厘米左右。大鳗螈是鳗螈家族中个头最大的一员。

大鳗螈

身体粗壮的大鳗螈

　　大鳗螈分布于美国东南部和墨西哥东北部。它们的身体很粗壮，就像一根圆柱。大鳗螈主要生活在水塘的泥沼中，平时隐蔽在水生植物风信子的根部，常到水面呼吸，偶尔也到陆地上活动。大鳗螈主要以昆虫为食。它们能翻掘泥浆，把自己埋藏在泥下度过干旱期。

蚓螈：我不是蚯蚓

蚓螈也叫"裸盲蛇"，主要分布在美
洲的墨西哥到阿根廷北部一带、非洲、
东南亚和塞席尔群岛等地。它们
的四肢已经退化，身体细
细长长的，样子就像蚯
蚓一样，所以人们叫
它们"蚓螈"。

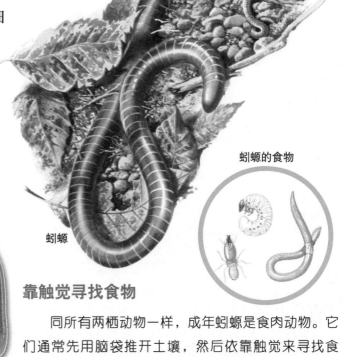

蚓螈的食物

蚓螈

蚓螈身体光滑细长，没有四
肢，长得就像蚯蚓一样。

靠触觉寻找食物

同所有两栖动物一样，成年蚓螈是食肉动物。它
们通常先用脑袋推开土壤，然后依靠触觉来寻找食
物。最小的蚓螈吃昆虫、蜈蚣和蠕虫，最大的蚓螈能
够对付青蛙和蛇。

在地下生活

蚓螈定居在地面的松枝落叶层和松软的土壤里。
它们白天栖息，夜间才出来觅食。它们与蚯蚓最大的
不同之处就是用嘴巴来进食，同时还拥有眼睛，尽管
眼睛不是很发达。由于蚓螈长期生活在地下，所以人
们通常很难见到它们。

蚯蚓也生活在地下，但
眼睛已完全退化掉。

第二章

爬行动物

爬行动物曾经是统治地球时间最长的动物。那时候，它们不仅统治着陆地，还统治着海洋和天空。但如今大多数爬行动物已经灭绝，只有少数存活下来，比如龟、鳄鱼、蜥蜴、蛇等。大部分龟类能把头和四肢缩到壳里去，用这种方法逃避敌人的进攻。鳄鱼虽然生性凶残，却是恐龙时代遗留下来的近亲。蜥蜴也属于爬行动物，它们虽然长得古怪，却有许多令人惊异的求生本领。我们最熟悉的爬行动物要数蛇类了，形形色色的蛇生活在不同的环境之中，它们样子很吓人，却不全是有毒的。

认识爬行动物

　　爬行动物的身体表面都覆盖着保护性的鳞片或坚硬的外壳，它们可以在多种陆地环境中生存，但通常生活在温暖的地方，因为它们要靠阳光来取暖。蛇、蜥蜴、龟和鳄鱼都是爬行动物。

蛇是最常见的爬行动物。

吃不同的食物

　　大部分爬行动物是肉食动物，比如蛇和鳄鱼等。很多种类的蜥蜴把昆虫当作食物，但也有一些蜥蜴是素食动物，例如海鬣蜥只吃海草。龟类是杂食性动物，它们常吃植物或昆虫等小动物，海龟则吃海鱼、海绵、海草和小蟹等。

龟类是杂食动物。

蟒蛇正在进食。

鳄鱼是凶残的肉食者。

不同类别的蜥蜴吃的食物也有所不同。

鳞片皮肤

爬行动物体表那层又硬又厚的鳞通常由一种叫作角朊的角质层组成。这层鳞片皮肤可以防止水分的蒸发，并保护它们不受一些捕食动物的侵害。随着季节的转换，这层鳞片皮肤也会蜕去。爬行动物每蜕一次皮，就会长大一些，同时长出新的皮肤。

蜥蜴身上长着密密麻麻的鳞片。

体温调节

爬行动物通常都是冷血动物，这意味着它们必须依靠阳光或地表的温度来保持体温。当它们爬行、游走在冷热不同的环境中时，可以很好地控制自己的体温。爬行动物都很喜欢晒太阳，这样它们可以吸取足够的热能用以捕食和消化。当然，当温度过高时，它们也会躲到阴凉的地方乘凉。

爬行动物常靠晒太阳来增加热量。

敏锐的感觉器官

爬行动物主要靠对光、气味和声音的感觉去捕食和避开敌害。如蜥蜴和蛇靠舌头能感知周围环境的细微变化；很多蜥蜴的头上长有一个纤小的感光器官，可以起到"第三只眼"的作用。壁虎是夜间的捕虫高手，但在白天，它们眼睛上的虹膜会眯成一条缝，把大部分光线挡在视网膜之外，但从那条虹膜处的细缝中，它们能看清外面的一切情况。

龟：长寿的慢性子

　　世界上的龟共有数百种，主要分为陆龟、淡水龟和海龟几大类。陆龟一般都有短粗的腿和钝钝的爪子，淡水龟和海龟的腿既可以游泳，也可以行走，有时甚至还能用来进行攀爬。龟是寿命很长的动物，它们爬起来的速度都非常慢，是不折不扣的慢性子。

长寿的秘密

　　龟应该是地球上最长寿的动物了。科学家认为，这与它们性情懒惰、行动缓慢、新陈代谢低有关。它们的心脏机能也很特别，从活龟身体里取出的心脏，有的竟可以连续跳动两天。

龟是寿命非常长的动物。

龟背着重重的壳，爬行速度非常慢。

龟的呼吸方式和其他爬行动物有很大不同。

独特的呼吸方式

　　其他爬行动物靠移动肋骨带动肺部来呼吸，而龟却不同，它们是通过腿部和腹部肌肉将空气吸入肺中，并将废气排出体外进行呼吸的。海龟还能通过皮肤、喉部和腹部的小孔进行呼吸。

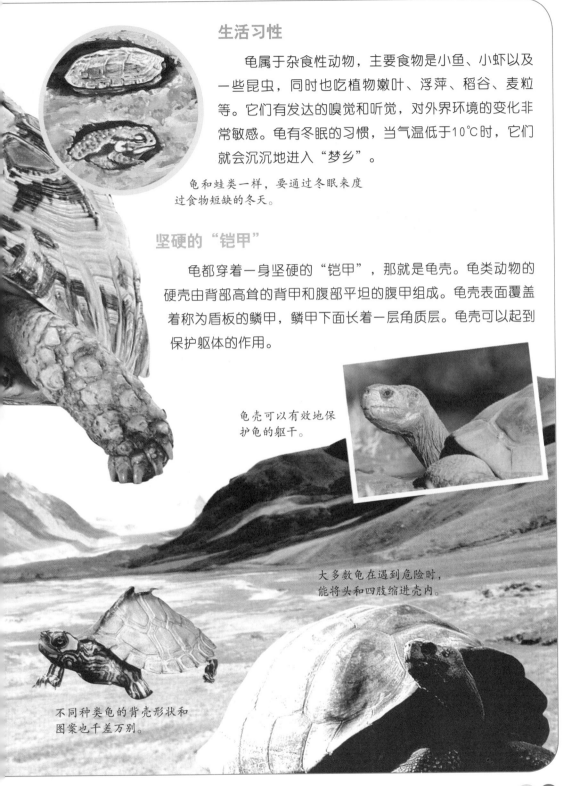

生活习性

龟属于杂食性动物，主要食物是小鱼、小虾以及一些昆虫，同时也吃植物嫩叶、浮萍、稻谷、麦粒等。它们有发达的嗅觉和听觉，对外界环境的变化非常敏感。龟有冬眠的习惯，当气温低于10℃时，它们就会沉沉地进入"梦乡"。

龟和蛙类一样，要通过冬眠来度过食物短缺的冬天。

坚硬的"铠甲"

龟都穿着一身坚硬的"铠甲"，那就是龟壳。龟类动物的硬壳由背部高耸的背甲和腹部平坦的腹甲组成。龟壳表面覆盖着称为盾板的鳞甲，鳞甲下面长着一层角质层。龟壳可以起到保护躯体的作用。

龟壳可以有效地保护龟的躯干。

大多数龟在遇到危险时，能将头和四肢缩进壳内。

不同种类龟的背壳形状和图案也千差万别。

陆龟：陆地"装甲车"

陆龟是指主要生活在陆地上的龟。陆龟有很多品种，它们背上的壳也各具特色，就像一辆辆小型装甲车。由于长期生活在陆地上，因此大多数陆龟养成了耐旱的本领。

有着美丽花纹的陆龟

能储存水分的锦箱龟

锦箱龟也叫西部箱龟。这种龟由于生活在干燥的环境中，能在膀胱中储存水分，所以忍受干旱的能力比较强。锦箱龟属于杂食性动物，食量很大。它们的成长比较缓慢，需要5年以上才能长大。

辐射陆龟

锦箱龟

辐射陆龟

辐射陆龟

水果是辐射陆龟很爱吃的食物。

辐射陆龟分布于马达加斯加岛南部，生活在近似热带草原的干燥森林中，主要以水果及青草为食。这种陆龟的背甲像一个高高的圆顶，背甲及腹甲上都具有放射状斑纹，所以人们称它们为"辐射陆龟"。

腹背相连的凹甲陆龟

凹甲陆龟的眼睛比较大，腹甲和背甲直接相连。它们喜欢生活在干燥的地方，生活的区域一般有月桂属、蕨类等为数众多的植物。凹甲陆龟生活的地方一般离水源较远，每当雨季来临时，它们就会集体出来饮水。

凹甲陆龟

星形陆龟

"背"着星星的星形陆龟

星形陆龟的外壳就如它们的名字一样，有着星星般的图案。它们的外壳分为两部分，如同盔甲一样保护着身体。这种陆龟分布在半干旱、布满荆棘的草原中，在一些降雨量较多的地区也能发现它们的踪迹。

陆龟主要生活在干旱地区的陆地上。

象龟是动物中的老寿星。

象龟：陆上"巨人"

正在喝水的象龟

象龟是世界上最大的龟，它们的四条腿像象腿那么粗壮，走起路来更像行驶的坦克。象龟虽然身体巨大，却是一种性情十分温顺的动物。

喜欢喝水

象龟生活在海岛上，但它们只喝淡水。有时为找淡水解渴，它们能爬行好几千米寻觅水源，喝水时会将大量的水储藏在膀胱内。当地人缺水时常常将象龟膀胱内的水放出来饮用，以解干渴之急。

龟中寿星

在所有种类的龟中，最长寿的就是象龟，它们可以活上几百岁，可真是动物王国中的长寿翁！象龟的年龄可以从龟壳上看出来。它们的背上有像树木年轮一样的环形纹，每一环就代表一年。

象龟的背壳上有着一圈圈的环形纹。

爱吃仙人掌

体形庞大的象龟爱吃树叶、青草和水果等绿色植物。而它们最爱吃的就是鲜嫩多汁的仙人掌，每天可以吃10多千克。由于它们平时在体内积蓄了大量的食物，所以长时间不吃不喝，也不会饿死。

为了吃到仙人掌，象龟可以把脖子伸得很长。

改变体温

爬形动物的体温会随外界气温的改变而改变，象龟也不例外。当气温在25℃左右时，象龟感觉最舒服。温度太高时，它们就会泡在泥塘中或躲到树荫下。当温度下降之后，它们的体温也会跟着下降，直到冬季进入休眠期。

小象龟

象龟属于变温动物。

豹龟：时尚"达人"

豹龟是龟界的时尚"达人"，它们的背壳上具有明显的斑纹，外形十分美丽，因此它们时常被人们当作观赏宠物饲养。豹龟广泛分布在非洲大陆的苏丹、埃塞俄比亚、南非等地。

豹龟

豹龟生活的地区比较干旱。

成年豹龟背上的斑纹

背上的大斑纹

大多数豹龟的龟壳呈微黄色，并带有不规则的黑色斑纹，就像豹子身上的花纹。豹龟小时候非常美丽，每个鳞甲上都有黑色的圆形斑纹。当小豹龟逐渐长大时，黑色斑纹则会逐渐散开，成为越来越小的黑点，直到看上去黑乎乎的一片。

温驯的"大个子"

豹龟的个头比较大，在世界上所有陆龟中排行第四。但它们的性情却非常温和、胆小。和其他龟一样，当它们受惊时，会将头、尾、四肢缩入坚硬的壳内。

在草原上生活

豹龟喜欢在半干燥、带荆棘的草原上生活。但在一些地势陡峭的地方，同样也能发现它们的踪迹。豹龟会在天气炎热的季节夏眠，在寒冷的季节过着行动迟缓的生活。很多时候，它们会躲在豺、狐狸或蚁熊等动物遗弃的洞穴中。

豹龟喜欢吃水果和蔬菜。

仙人掌和很多草类是豹龟爱吃的食物。

爱吃的食物

豹龟生活在草原上，主要以分布广泛的各种草类为食，还喜欢吃水果、仙人掌等植物。但水果、仙人掌等含的水分比较多，因此豹龟吃多了这些东西，常常会出现肠胃问题。

可爱的小豹龟

大鳄龟: 尖牙利齿凶巴巴

大鳄龟也叫真鳄龟,是最大的淡水龟类,也是世界上最著名的龟之一,这源于它们那可怕的长相。大鳄龟长得就像水中的杀手——鳄鱼,牙尖齿利,长相凶恶,所以人们称它们为"鳄龟"。

大鳄龟的头部和背甲

可怕的相貌

大鳄龟的长相很奇特,它们嘴巴前端的上下颌像个钩子,锋利无比;背甲上的盾片就像小山一样连绵起伏;头和颈上还有许多肉突。与其他淡水龟不同的是,它们的头和脚不能缩入壳内。

大鳄龟是世界上最大的淡水龟。

大鳄龟的尾巴就像钢鞭一样。

坚硬的尾巴

大鳄龟以鱼类、水鸟、螺、虾、水蛇等为食,它们常常利用尾巴来捕食。大鳄龟的尾巴又细又长,坚硬得像钢鞭一样。每当发现水边有饮水的小动物时,它们就会突然甩起尾巴,将猎物打晕,然后把猎物拖入水中慢慢享用。

大鳄龟非常具有攻击性。

大鳄龟常常用舌头捕获小鱼。

用"诱饵"捕食

　　大鳄龟还会通过舌头来捕食。它们的舌头上有一个独一无二的粉红色结构，就像一条蠕虫。大鳄龟会静静地躺在水底，张大嘴巴，抖动起"诱饵"来吸引猎物。

大鳄龟很少到陆地上活动。

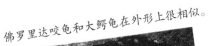

佛罗里达咬龟和大鳄龟在外形上很相似。

繁殖后代

　　大鳄龟很少到陆地上活动，只有到了繁殖季节，雌龟才会爬上岸，选择合适的地方产卵。雌龟每次可产30～120枚卵，经过100天左右的时间，幼龟就可以出壳了。幼龟生长速度十分惊人，一年就能长到20千克。

红耳龟：活泼的"红耳朵"

红耳龟也叫巴西龟，是一种十分常见的淡水龟类，大部分红耳龟的头部两侧长有红色的条纹，就像两只可爱的红耳朵。红耳龟的繁殖力、觅食能力，以及对环境的适应能力都很强，所以它们一旦被引进，往往会给引进地区原有龟类的生存造成巨大威胁。

红耳龟的名字缘于它们头部两侧的红色条纹。

名字的由来

红耳龟名字的由来，是因为它们头部的两侧长有很粗的红色条纹，有时头顶还有一处红色斑点。红色条纹有时会断裂成两三块斑点，颜色深浅也从橙色到深红不同。不过，有些红耳龟没有这些红色条纹。

小红耳龟

阳光明媚的时候，红耳龟爱趴在岸边晒壳。

荤素都爱吃

红耳龟属于杂食性龟类，除了吃肉、小鱼、小虾、昆虫外，它们还吃一些蔬菜和水生植物。红耳龟进食的时间没有规律，白天夜晚都可以进食。在饥饿时，它们会互相抢食，有时还会发生大龟吃小龟的现象。

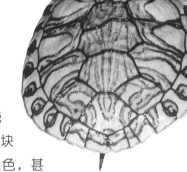

蔬菜类植物也是红耳龟爱吃的食物。

白化的红耳龟

美丽的红耳龟

漂亮的壳

刚孵化的红耳龟有着很漂亮的绿色龟壳和皮肤。壳上布满由黄绿色到墨绿色条纹组成的图案。随着红耳龟逐渐长大，壳的颜色也会发生变化：绿色底色会被黄色所替代，最后成为较暗的褐橄榄色；壳上的图案由黑线、条纹及烟渍状的斑块组成，有时会夹杂着白色、黄色，甚至红色的斑点。

活跃敏感的性格

红耳龟喜欢栖息在清澈的水塘里，中午风和日丽时，则喜欢趴在岸边晒壳，其余时间则漂浮在水面休息或在水中游荡。红耳龟性情活泼，比大多数淡水龟都活跃、好动。它们对水声、振动反应灵敏，一旦受惊便纷纷潜入水中。

锦龟：锦衣"美人"龟

锦龟是生活在北美洲的一种淡水龟，主要生活在池塘、沼泽、小溪和湖泊里。大多数锦龟的背甲都是光滑而美丽的，就像被绘上了规则的几何图案，真不愧是龟中的锦衣"美人"。

美丽的壳

锦龟是一种非常美丽的龟，它们的背甲很光滑，上面有由暗淡斑纹构成的网状图案；锦龟的腹甲也

西部锦龟的幼仔

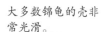

锦龟

大多数锦龟的壳非常光滑。

很好看，如西部锦龟的腹甲上有沿着盾甲接缝分散开的深色图案，看起来错综复杂，美丽非凡。

锦龟和红耳龟同属于沼泽龟类。

有趣的求爱方式

锦龟的求爱方式相当有意思。到了"恋爱"季节，雄龟会慢慢追逐雌龟，并超过它，然后转过身来与雌龟来个面对面。接着，雄龟会用前爪去敲打雌龟的头部和颈部。如果雌龟接受了雄龟的求爱，就会用它的前爪敲击雄龟伸展在外的肢体，表示答应。

南部锦龟的背部中央有一条纵向的红线。

丰富的食物

锦龟是杂食性的动物，在它们的栖息地里，各种动植物，不论死活，都会成为它们的盘中餐，如蜗牛、蛞蝓、昆虫、小龙虾、蝌蚪、小鱼、腐肉、水藻和水生植物等。年幼的锦龟是食肉的，而随着年龄的增长，年老的锦龟更偏向于植食。

东部锦龟的背壳边缘呈红色。

生活在淡水里的小龙虾是锦龟非常喜爱的食物。

喜欢晒太阳

锦龟很喜欢晒太阳。有时候，它们会几十只彼此层层叠叠地聚集在一根圆木上晒太阳。即使是刚出生不久的幼龟，也喜欢晒太阳。在阳光下晒着，不但可以使它们保持合适的体温，而且紫外线还可以帮助它们除去皮肤上的寄生虫。

锦龟常常集体到岸上晒太阳。

绿海龟：绿衣 "天使"

绿海龟是海龟的一种，由于它们的主食为海中的海草和大型海藻，所以体内脂肪累积了许多绿色色素，呈现淡绿色，它们也因此而得名——绿海龟。绿海龟广泛分布于太平洋、印度洋及大西洋温水水域，它们的一生几乎都在大海里度过。

绿海龟是一种很常见的海龟。

绿海龟利用前腿拨水前进。

巨大的身体

绿海龟身体庞大，体长80～100厘米，体重70～120千克，最大的巨形绿海龟体长可达150厘米，体重达到250千克。绿海龟的壳很平滑，呈扁圆形。它们的前腿可以像翅膀一样摆动，把海水向后推，使身体前进。和其他海龟一样，绿海龟的头和四肢无法缩进壳内。

用肛囊呼吸

　　绿海龟是用肺进行呼吸的，通常每隔一段时间便要将头伸出海面来呼吸。但它们也可以长时间在水下生活，因为它们还有一种具备特异呼吸功能的肛囊。肛囊的壁上密布着微血管。当绿海龟在海中栖息时，微血管里的红细胞就可以从进出肛囊的海水中摄取氧气，从而使得绿海龟不必把头伸出水面就可以呼吸了。

长时间待在水下的时候，绿海龟就用肛囊呼吸。

大量觅食

　　绿海龟身躯庞大，在海水中游泳时，它们所受的阻力相对陆地上要大得多，需要较多的能量供给，因此它们的食量也比陆地生活的龟鳖类大得多。但绿海龟对恶劣环境有高度的忍耐性，在水质严重污染、食物缺乏的时候，也能正常生活。

绿海龟每天要吃大量的食物。

在沙滩上繁殖后代

　　虽然绿海龟常年在海洋中遨游，可是一到繁殖季节，即使远在千里之外，也要回到出生的地点繁殖后代。雌性绿海龟通常在夜晚登上沙质松软的海滩，挖一个洞穴，然后在里面产卵。产完卵后，绿海龟便用沙土将它们盖上，再爬回海中。经过40～70天时间，幼龟就可以破壳而出。它们钻出沙土后，立刻争先恐后地迅速爬到大海中去生活。

破壳而出的小海龟

玳瑁：身披"琉璃瓦"

玳瑁

玳瑁是绿海龟的"堂兄弟"。在海洋龟类中，它们的个头最小，身长仅有50厘米左右，它们的身上大多覆盖着红棕色的背甲，就像屋顶上的琉璃瓦一样鲜艳。玳瑁主要生活在热带、亚热带海洋中，经常出没于珊瑚礁中。

"十三鳞"

玳瑁的背甲大多是红棕色的，带有黄色斑纹，像覆盖屋顶的琉璃瓦一样，美丽悦目。它们的背甲共分成十三块，像十三块巨大的鳞片排在一起，所以得名"十三鳞"。玳瑁有一条又短又小的尾巴，通常不露出甲外，就像没有尾巴一样。

玳瑁的背甲非常美丽。

在水中遨游的玳瑁

在珊瑚礁中生活

玳瑁主要生活在海洋中的浅水礁湖和珊瑚礁区。珊瑚礁中的许多洞穴和深谷给玳瑁提供了休息的地方，且珊瑚礁中生活着它们最主要的食物——海绵。此外，玳瑁的食物还包括水母、海葵、虾蟹和贝类等无脊椎动物以及鱼类和海藻等。

玳瑁喜欢生活在珊瑚礁中。

能消化玻璃

玳瑁的主要食物——海绵中的部分物种对于其他生物来说是具有剧毒且致命的，但玳瑁吃后却能安然无恙。由于海绵中通常含有大量二氧化硅（玻璃的主要原料之一），所以，玳瑁是唯一能消化玻璃的海龟。

海绵

繁殖后代

很多海龟都在夜晚爬上海滩产卵，但玳瑁喜欢在白天产卵。在一年内，玳瑁可以产3次卵，每次能产130~200枚。经过2个月左右的孵化期，小玳瑁便出壳了。刚出壳的小玳瑁颈部可自由伸缩，但不能前后左右转动。

玳瑁的背甲十分珍贵，常用来做珠宝饰物。

棱皮龟：龟中巨无霸

棱皮龟主要分布在热带海洋中。在众多龟类中，棱皮龟的体形是最大的。它们体长为200～230厘米，体重一般为100～200千克，真是不折不扣的"龟中之王"。

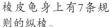
棱皮龟身上有7条规则的纵棱。

棱皮龟的背甲就像一层皮革。

革质皮肤

棱皮龟的头部、四肢和躯体都覆盖着平滑的革质皮肤，它们背甲的骨质壳是由数百个大小不一的多边形小骨板镶嵌成的，其中最大的骨板形成7条规则的纵棱，棱皮龟因此得名，不过也有人叫它们革龟。

没有牙齿

棱皮龟主要吃鱼、虾、蟹、乌贼、海参和海藻等，甚至包括长有毒刺细胞的水母等。它们的嘴里没有牙齿，但是却在食道内壁长有大而锐利的角质皮刺，可以磨碎食物，然后进入胃、肠进行消化吸收。

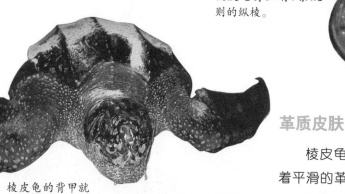
乌贼是棱皮龟为数众多的食物之一。

游泳健将

棱皮龟四肢肥大，胸肌强壮，巨大的前肢看上去就像是一对翅膀，两端之间的长度可达2.5米。这些结构可以帮助它们在波涛汹涌的海水中来去自如。棱皮龟游泳持久而迅速，能够在海洋中游上万千米远，所以它们有着"游泳健将"的称号。

棱皮龟游泳的本领非常高。

保持体温

虽然棱皮龟属于变温的爬行动物，但它们从热带游到寒冷的北极地区时，却能在7℃的水中维持25℃的体温。这是它们身上革质皮肤的功劳，这种皮肤像绝缘体一样，能够帮助它们保持足够的热量。

棱皮龟的体形比一个成年人还要大得多。

棱皮龟的前肢张开后，就像是一对巨大的翅膀。

蠵（xī）龟：调皮的"爱哭鬼"

蠵龟也叫红海龟，它们主要栖息在温水海域，特别是大陆架一带，但有时也会进入海湾、河口、咸水湖等水域，蠵龟是海龟中分布在最北和最南的种类。蠵龟有一个特征：当它们被渔民捕获的时候，就会流眼泪。难道它们这是伤心得落泪了吗？

蠵龟的背甲大多为红色，所有人们也叫它们红海龟。

流泪的秘密

其实蠵龟流泪是一种自然现象：因为蠵龟大部分时间生活在海水中，如果突然被抓到陆地上，眼睛便开始变得干燥，就会不断分泌出泪水来润滑眼球，所以才会"流泪"，这并非是因为伤心、难过。

流泪的蠵龟

蠵龟的食物

蠵龟的食物

蠵龟能吃的东西很多，大部分海藻都是它们的美食，尤其是根部。除了植物，蠵龟也吃些水母、螃蟹、海绵等小动物。虽然它们有时也会被水母蜇伤，但一般不会致命。

蠵龟的产卵旅程

像其他海龟一样，蠵龟也要回到它们出生的海滩产卵。它们在产卵前要小心地观察地形，然后才上岸。但只要开始产卵，蠵龟就不会停下来，即使身边有天大的危险，也不理会，所以这时候的蠵龟很容易被捕获。

蠵龟产卵时首先要挖一个1米深的洞。

小蠵龟的成长

刚出生的小蠵龟趁着月光努力地爬向大海，这时如果有别的光线干扰，它们就会迷失方向，再也回不去大海了。就算小蠵龟游回海里，也还有许多危险等着它们：海鸟、蛇、蟹都是残害它们的凶手，所以只有很少的小龟能长大。不过，当小蠵龟长大后，就能用巨大的身躯摆脱天敌的攻击了。

蠵龟一次能产100多个乒乓球大小的卵。

破壳而出的小蠵龟在海边会遇到海鸟的袭击。

在大海中遨游的蠵龟

鳖的背甲上有一层柔软的外膜。

鳖：像龟不是龟

鳖俗称甲鱼、团鱼，是一种和乌龟外形很相似的爬行动物。鳖具有很重要的药用价值和食用价值，因此很多地区都有专门的养殖场。

鳖的背甲扁平、椭圆。

鳖和龟的区别

鳖的头像龟，但背甲扁平，上面没有条纹，并且背甲和腹甲上长着柔软的外膜，周围有一圈柔软的裙边。从颜色上看，鳖的背部和四肢通常为暗绿色，也有的鳖背面为浅褐色。

鳖的嘴向前伸，像管子一样。

鳖和龟很相似。

鳖的头和背甲

贪食又耐饿

　　鳖是以肉食为主的杂食性动物，主要食物为小鱼、小虾、螺、蚌、水生昆虫、蚯蚓、动物内脏等，同时也吃一些蔬菜、草类、瓜果等。在食物不足时，同类之间也会互相残食。鳖虽然贪食，但也很耐饿，一次进食后很长时间不吃东西也不会死亡。

鳖爱吃一些小型的水生动物。

生长缓慢

　　鳖是一种变温动物，对周围温度的变化非常敏感。当外界温度降至15℃以下时，它们就开始停食，潜伏在水底泥沙中冬眠，冬眠期长达半年之久。因此，鳖生长得很缓慢，一般一年只长100克左右。

胆小敏感

　　鳖喜欢安静，害怕受惊；喜欢阳光，害怕刮风；喜欢清洁，讨厌肮脏。它们对周围环境的声响反应灵敏，并且十分胆小，只要周围稍有动静，就迅速潜入水底。

鳖并不总是待在水里，有时候也爬上岸活动。

鳄鱼：凶残的杀手

鳄鱼身披盔甲，生性残暴，拥有一张血盆大口，是最丑陋凶残的动物之一。现实中，几乎没有哪种动物愿意招惹这种凶残无比的杀手。

鳄鱼的嘴里长满锋利的牙齿，令人胆寒。

恐龙与鳄鱼

鳄鱼属于恐龙家族，是一种非常古老的爬行动物，2亿多年前恐龙大行其道时，鳄鱼就已经遍布地球各个角落了。鳄鱼自身的特点使它们从6000多万年前的那场灾难中存活了下来，没有和它们的近亲恐龙一起灭绝。

鳄鱼和恐龙是近亲。

锋利的牙齿

鳄鱼在抓住猎物后，那锋利的牙齿能深深地刺入猎物的身体，并迅速将猎物撕裂开。与众不同的是，鳄鱼的旧牙会定期脱落，新牙在旧牙下方发育，到长成的时候，就把旧牙挤出去，成为新牙。

鳄鱼入水能游，登陆能爬，体壮力大，被称为"爬虫类之王"。

残忍地捕食

鳄鱼常常半潜伏在水中，露两只眼睛在外面，一动不动，就像一截烂木头浮在水面上。在接近猎物的一瞬间，鳄鱼会猛冲上去，把猎物活活吞下。如果猎物太大吞不下去，鳄鱼就用大嘴咬住它在石头或树干上猛烈拍打，直到猎物被摔成碎片，然后才张口吞食。

鳄鱼的食物

鳄鱼捕获大型的猎物时，会将其拽入水中，以便溺死猎物，然后饱餐一顿。

鳄鱼的眼睛会"流泪"。

出壳的小鳄鱼

尽职的"母亲"

母鳄鱼在产卵前，会先上岸选好地点，用树叶、干草铺一张"软床"，然后才开始产卵。产卵以后，就开始孵化。这时的母鳄鱼凶恶无比，不准任何动物接近。

尼罗鳄：打洞专家

尼罗鳄也叫非洲鳄，是一种大型的鳄鱼，体长2~6米，主要分布于非洲尼罗河流域及非洲东南部。它们擅长用嘴和脚在河岸上打洞，并生活在自己挖的洞穴里，以鱼类和一些陆地动物为食。

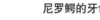

尼罗鳄的牙齿

尼罗鳄的鳞片

身体特征

尼罗鳄身体的颜色为橄榄绿色或咖啡色，有黑色的斑点。当它们的嘴闭上时，下颚第四颗牙齿会经过上颚的"V"形凹陷向外突出。尼罗鳄有着一条强壮有力的尾巴，这有助于它们在水中灵活游动。

在洞中抗旱

尼罗鳄喜欢在水中生活，但非洲很多地区有旱季和雨季之分。一到旱季，就会有大量动物因缺水而死亡。为了躲避这种不利的生存条件，尼罗鳄常常用嘴和脚在河岸上挖掘洞穴。旱季期间，尼罗鳄就躲藏于地底之下，一直到下一个雨季来临。

在天气晴好的时候，尼罗鳄常爬到岸上晒太阳

尼罗鳄在进食。

集体进食

尼罗鳄喜欢捕食那些在河边饮水的动物，它们力量惊人，足以杀死像斑马那么大的猎物。由于尼罗鳄的胃并不大，所以它们很少能独自将整只猎物吃完，通常是几只鳄鱼在一起分享战利品。

尼罗鳄经常攻击在水边饮水的斑马等动物。

和小鸟做朋友

尼罗鳄十分凶残，但对一种叫作千鸟的小鸟却非常友好。这种鸟经常在尼罗鳄身上和嘴里找虫子吃，尼罗鳄从不伤害它们。千鸟的感觉非常敏锐，只要听到一点动静，它们就会急忙拍打翅膀，大声喧哗。听到千鸟的"提醒"，尼罗鳄就会立即沉入水底，避免受到意外的袭击。

尼罗鳄和千鸟是一对"好朋友"。

湾鳄：鳄中王者

湾鳄是目前世界上最大的爬行动物，体长通常为6～7米，最长的可以达到10米。湾鳄能在海里生活，多分布在沿海港湾或直通外海的江河之中，因此人们又称它们海鳄、海湾鳄，以及咸水鳄等。

拥有领地

雄性湾鳄有很强的领地观念，它们常独自占领一块领地，一旦有别的同类闯入，就会上前和闯入者争斗，直到将闯入者赶出领地。在自己的领地里，一条雄性湾鳄通常拥有好多个"妻子"。

性情残暴

湾鳄身躯庞大、性情残暴，很多地区都有它们伤人的记录。但它们主要还是以小型动物为食。通常，它们吃鱼、蛙、虾、蟹等小动物，也吃小鳄、龟、鳖等有着坚硬外壳和鳞甲的爬行动物。湾鳄咀嚼力强，能毫不费劲地咬碎龟、鳖等的硬甲。

龟类的外壳在湾鳄锋利的牙齿下根本不堪一击。

湾鳄在陆地上产卵。

筑巢产卵

湾鳄通常在海湾江河岸边的林荫丘陵上筑巢。雌性湾鳄要生产时，会先用尾巴扫出一个7～8米的平台，再在上面搭巢。产卵后，母鳄会成天守候在一旁，并不时甩尾巴洒水来湿润巢穴，使卵保持合适的温度。

警惕性高

湾鳄拥有很强的攻击性，警惕性也很高。由于它们大多生活在热带地区，所以常常待在水里躲避高温。在水中的时候，它们总是身体在水下，鼻、眼露出水面，外界一有风吹草动，就立刻沉入水中，并远离河岸。

湾鳄很喜欢待在水里。

湾鳄待在水里的时候，通常只露出部分头部。

扬子鳄：移动的化石

扬子鳄是中国特有的一种鳄鱼，在它们身上还可以找到一些恐龙类爬行动物的特征，所以，它们又被称为"活化石"。扬子鳄生活在水边的芦苇或竹林地带，以鱼、蛙和河蚌等为食。

扬子鳄身上留有很多恐龙类爬行动物的特征。

活化石

扬子鳄既是古老的，又是现在数量非常稀少的爬行动物。在扬子鳄身上，至今还可以找到早先恐龙类爬行动物的许多特征，所以，人们称扬子鳄为"活化石"。

扬子鳄很喜欢栖息在芦苇丛中。

小巧的身材

扬子鳄是世界上体形最细小的鳄鱼之一。成年扬子鳄体长很少超过2.1米，一般只有1.5米长，远不如尼罗鳄和湾鳄那么巨大。因为扬子鳄的外貌非常像传说中的"龙"，所以俗称"土龙"或"猪婆龙"。

扬子鳄常把猎物拖到水里淹死，然后整个儿吞下去。

打洞高手

　　扬子鳄具有高超的挖洞本领，头、尾和锐利的趾爪都是它们的打洞工具。扬子鳄的洞穴常有几个洞口，有的在岸边滩地芦苇、竹林丛生的地方，有的在池沼底部，地面上有出入口、通气口，而且还有适应各种水位高度的侧洞口。洞穴内部弯弯曲曲，纵横交错，好像一座地下迷宫。

扬子鳄

密河鳄是扬子鳄的近亲。

独特的捕食方法

　　扬子鳄虽然长着看似锋利的牙齿，却不能撕咬和咀嚼食物，只能像钳子一样把食物"夹住"，然后囫囵吞下去。所以当扬子鳄捕到较大的陆生动物时，不能把它们咬死，而是把它们拖入水中淹死；相反，当扬子鳄捕到较大的水生动物时，又会把它们抛上陆地，使猎物因缺氧而死。

扬子鳄很善于挖掘洞穴。

印度食鱼鳄：嗜血长嘴怪

印度食鱼鳄是一种体形很大的淡水鳄，它们长着细长的嘴巴，看上去就像一把尖利的大钳子。印度食鱼鳄主要以鱼为食，但偶尔也会猎食哺乳动物。

印度食鱼鳄在陆地上不能用腿支撑着爬行。

印度食鱼鳄张开的嘴巴就像一把大钳子。

细长的嘴巴

印度食鱼鳄和其他鳄鱼相比，有一个非常明显的特征，就是嘴巴又细又长。食鱼鳄细长的嘴巴上面长满了小而尖的牙齿，交错有致，看上去就像一把大钳子。

印度食鱼鳄长满尖牙的长嘴很适合捕鱼。

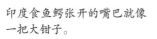

天生的捕鱼高手

印度食鱼鳄是天生的捕鱼高手。它们细长的嘴巴能够猛地咬住鱼并迅速闭合，锐利的牙齿又可以保证那些湿滑的鱼不能轻易逃脱。一旦捉住了一条鱼，食鱼鳄就会向空中抬起嘴巴，然后转动鱼，以便自己能从鱼头向下吞咽。

除了晒太阳和产卵，印度食鱼鳄很少上岸。

小食鱼鳄的成长

　　印度食鱼鳄要产卵时，会在河岸边的沙滩上挖洞当作产房。小食鱼鳄孵化出来后，全身布满灰褐色条纹，嘴尖上还长着一个突起的小东西，那是它们用来顶破卵壳的工具，通常在破壳之后会自动脱落。由于嘴巴太细的缘故，母食鱼鳄不能像别的鳄鱼那样用嘴巴叼起小鳄鱼移动。

密河鳄：不要小看烂木头

密河鳄也叫美国短吻鳄，和中国的扬子鳄是近亲。它们可是爬行动物界的变装高手，匍匐在水中的时候就像一截普通的烂木头，但这截烂木头的附近却是危机四伏的！

密河鳄和扬子鳄在外形上很相似，只是前者体形比后者大很多。

密河鳄的卵

会变化的身体颜色

密河鳄小时候身体为黑色，背上有一道道亮黄色的斑纹。到了成年，斑纹就完全变成了深黑色。但密河鳄身体的颜色有时候也取决于所接触的水，例如，生长在充满藻类的水中会使它们的体色变得较绿。

覆盖着水藻的密河鳄

伪装高手

密河鳄很喜欢在水中活动和捕食。匍匐在水中的密河鳄具有绝妙的伪装手段，它们那黑色的身躯上覆盖着一些绿色的藻类，看上去就像水面上一截漂浮着的烂木头。事实上，密河鳄这时正瞪大双眼，盯着岸边，耐心地等待着猎物的临近。

敏锐的视觉

密河鳄的眼睛上长着眼睑和一层薄而透明的膜，潜水时由前向后闭合，就如同戴上了防护眼镜，既不影响视力，又能在水中保护眼睛。无论在陆地还是在水中，密河鳄都具有十分敏锐的视觉，因而它们待在水下时，也可以袭击陆地上的哺乳动物。

密河鳄的视力非常敏锐。

哺乳动物在水边喝水时，容易遭到密河鳄的突袭。

行动灵活的大个子

密河鳄虽然看上去有些笨拙，但它们行动起来还是非常灵活的。尤其在水中活动时，它们将四肢贴着身体，用尾巴划水，身体呈现极其优美的流线型。

密河鳄正在静静地等待猎物靠近。

蜥蜴：江湖小怪侠

蜥蜴

长相怪模怪样的蜥蜴是当今世界上分布较广的一类爬行动物。它们不仅长相怪，生活习惯也很怪，就连防卫技巧也是稀奇古怪的，是个名副其实的"江湖小怪侠"。

蜥蜴身上的鳞片非常坚硬。

鳞片皮肤

蜥蜴身体表面布满鳞片，这种鳞片皮肤能防水并保持它们的体温。蜥蜴在成长过程中，大约每个月蜕一次皮，很多蜥蜴都用嘴将自己的皮蜕下并吞食掉，不久，新的更坚韧的鳞片皮肤就会长出来。

蜥蜴的食物

爱吃的食物

蜥蜴主要捕食昆虫和其他小动物。其中体形较大的蜥蜴主要以昆虫、小鸟及其他蜥蜴为食。巨蜥则可吃鱼、蛙甚至小型哺乳动物。也有一部分蜥蜴如鬣蜥以植物性食物为主。捕食时，蜥蜴会用尖牙紧紧咬住猎物，以防止它们逃脱。

高起的防卫栅顶

　　大多数蜥蜴都有保护色，以躲避一些猎食者的袭击。一旦保护色失败，它们也有对付敌人的方法，比如立刻爬上树去，用爪子摩擦树皮，发出噪声来威吓敌人；或鼓起脖子，使身体变得粗壮，同时发出嘶嘶声，恐吓侵犯者；甚至有的还能通过断尾来逃生。

饰蜥能通过隆起身上的粗鳞片，将自己装饰成各种吓人的模样。

变色龙是人们非常熟悉的一种蜥蜴。

许多蜥蜴有冬眠或夏眠的习惯。

冬眠和夏眠

　　蜥蜴是变温动物，在温带及寒带生活的蜥蜴在冬季会进入冬眠状态。在热带生活的蜥蜴，由于气候温暖，可终年进行活动。但在特别炎热和干燥的地方，有的蜥蜴也有夏眠的现象，以度过高温干燥和食物缺乏的季节。

角蜥有拟色的本领。

角蜥：沙漠神射手

角蜥又叫冠状角蜥，分布于美国和加拿大的沙漠和半沙漠地区。和其他蜥蜴相比，角蜥有许多奇特的逃生手段。其中最有趣的就是它们可以通过喷射鲜血来恫吓敌人，以赢得逃跑的时间。

角蜥身上密布的鳞片像匕首一样。

全身长满尖刺的角蜥

锋利的鳞片

角蜥全身长有许多鳞片，这些又尖又硬的鳞片，每个都像一把锋利的匕首，是它们重要的防御武器。当凶猛的响尾蛇向角蜥冲过来，咬住它的头部，企图一口将它吞下肚的时候，常常被角蜥脖子上的匕首状鳞片刺穿喉部。

黄点头角蜥

与环境保持一致

　　角蜥的第二件逃生法宝是其具有很好的保护色，还具有"拟态"的本领。由于角蜥的体色与沙漠环境的色调一模一样，身体上的棘刺看上去也很像植物的枯棘，所以那些凶猛的大型爬行动物、鸟类和哺乳动物很难发现它们，因而遭到敌害的袭击机会就大大地减少了。即使有敌害发现它们，它们也能迅速地钻进沙土里逃生。

角蜥的体色和岩石的颜色完全一致。

角蜥大量吸气后，能够从眼睛里喷出血液。

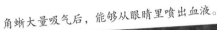

喷射血液

　　角蜥的防卫本领是通过喷血来恫吓敌人。在生死存亡的时刻，它们大量地吸气，使身躯迅速膨大，致使眼角边破裂，然后从眼里喷出一股鲜血，射程1～2米。敌人常被这扑面射来的鲜血吓得惊慌失措，角蜥则趁机逃之夭夭。

储存水分

　　角蜥全身的尖刺还有一种奇妙的功用：只要角蜥往水里浸一下，水就会进入小刺之间的凹陷处，再从那里进入皮肤上的小孔，然后流向头部。角蜥的嘴角旁有收集水分的小囊，水就储藏在那里。如果遇到天旱缺水，角蜥只要轻轻地动一下颌部，水滴就会从小囊里冒出来。

角蜥身上的尖刺可以收集水分。

角蜥主要分布于北美洲的干旱地区。

飞蜥：森林飞行侠

在众多种类的蜥蜴中，有一种会"飞行"的飞蜥。飞蜥生活在森林里，一般长有大大的头、长长的四肢和尾巴。它们能从一棵树上"飞"到另一棵树上。

飞蜥

飞蜥的"翅膀"

飞蜥能飞行，靠的是一对"翅膀"。所谓的"翅膀"就是特别扩大的肋部，它们能像扇子的撑条一样张开，使每一片松弛的皮肤伸展开来，这样，它们就可以"飞行"了。一旦飞蜥完成飞行，肋骨就会沿身体向后合拢，将"翅膀"折叠好。

拥有领地

飞蜥通常在树上活动，很少下到地面。雄性飞蜥一般都有自己的领地。对入侵者，它们会做出"伏地挺身"或"点头"的动作进行警告。

遇到入侵者，飞蜥会对其进行警告。

漂亮的"新郎"

　　飞蜥的体色大多为褐色或灰色，但到了繁殖季节，雄性飞蜥为了赢得雌性飞蜥的"爱情"，身体颜色会发生明显的变化，变成美丽的鲜红、蓝及深浅不等的黄色。但也有些种类的飞蜥是雌性向雄性"求婚"。

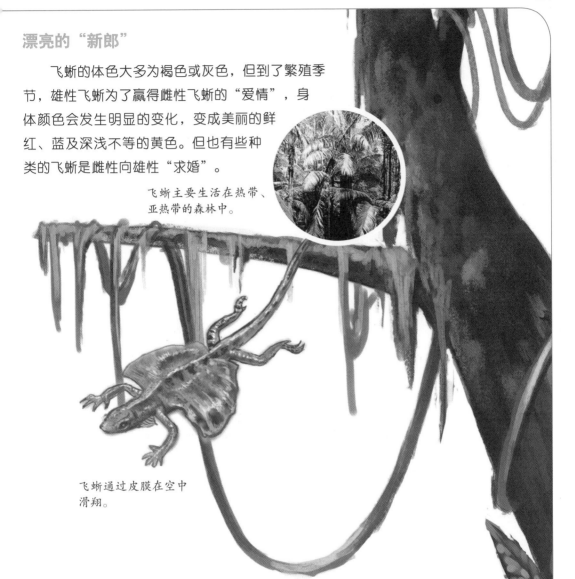

飞蜥主要生活在热带、亚热带的森林中。

飞蜥通过皮膜在空中滑翔。

长着斑点的斑飞蜥

　　斑飞蜥分布于南亚、东南亚、以及我国的西藏、云南、广东、海南、广西一带。斑飞蜥的"翅膀"背面为橘红色并带有黄绿色，还散有不规则的黑斑；"翅膀"的腹面为浅黄色，有不规则的斑点。斑飞蜥因此而得名。

伞蜥：吓人的花折伞

伞蜥是澳大利亚最引人注目的蜥蜴，生活在干燥的草原、灌木丛和树林中。它们长有一条细细长长的尾巴，颈部还有一圈皮膜。当它们遭遇险情时，颈部周围的皮膜便会张开，形成一把亮红色或黄色的"伞"。

撑"伞"的目的

伞蜥撑开"伞"是为了吓唬敌人。与此同时，它们还会张大嘴巴，身体不停地摇摆着，并发出嘶嘶声，看上去一副要发动进攻的样子。这些行为足以吓退敌人，倘若还行不通的话，它们会收起"伞"，溜之大吉。

伞蜥

张大嘴巴做威吓状的伞蜥

伞蜥遇险时，会迅速爬到树上。

站起来奔跑

伞蜥比较胆小，遭受攻击时会迅速逃到树上。它们在平地上奔跑时，会将前半部分身体悬空，只用后肢快速奔跑，看起来就像人踩单车一样，所以也有人称它们为"单车蜥"。

伞蜥的后腿可以支撑住整个身体。

伞蜥的性格比较温和。

主要的食物

伞蜥食量很大，吃的东西也很杂。它们的食物主要以肉食为主，如蟋蟀、面包虫、蟑螂等。个头大的伞蜥也会猎食小老鼠和小蜥蜴等。伞蜥偶尔也会吃一些素食，例如青菜、豆类、水果等。

豆类和昆虫都是伞蜥爱吃的食物。

生长迅速

在繁殖季节，雌伞蜥通常把卵产在树丛或树洞中。小伞蜥在一个半月后便破壳而出。小伞蜥成长很快，差不多一年时间，它们也可以传宗接代了。

鳄蜥：三只眼睛看世界

鳄蜥是一种古老的爬行动物，在1.9亿年前就已存在了，因而又有"活化石"之称。鳄蜥体形既像鳄鱼又像蜥蜴，在它们的脑袋上长着一个小白点，就像是用三只眼睛在观察世界。

中华鳄蜥

"第三只眼"

与自身躯干相比，鳄蜥的头偏高而且略大，像个多面的锥体。最令人奇怪的是，它们好像有三只眼睛，那只与众不同的第三只"眼睛"是位于头颅顶部的一个小白点，实际上它并不起视觉作用。

居住环境

鳄蜥居住在海拔760米以下的沟谷中，通常在溪流不大的积水坑中安家。周围大多怪石嶙峋，灌木丛生。那些岩石及树干的颜色大多与鳄蜥的体色相似，这为鳄蜥隐藏其中起到了良好的掩蔽作用。

鳄蜥喜欢在树上栖息。

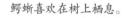

昼伏夜出

鳄蜥通常白天休息，晚上活动。白天，它们在枝头熟睡，受惊后会立即跃入水中。晚上，它们的精神养足了，就开始外出觅食。鳄蜥爬行的时候，一步三摇，非常缓慢。但一发现有敌情，它们就会迅速逃掉。

蓝攀树鳄蜥分布在墨西哥南部，因身体为蓝色和喜欢爬树而得名。

趴在母鳄蜥背上的小鳄蜥

不称职的"父母"

鳄蜥是卵胎生动物，雌性鳄蜥直接生出小鳄蜥。小鳄蜥的"父母"很不称职。"母亲"生产后，对小鳄蜥很少看护，有时小鳄蜥爬到它的背上，它也无动于衷，一心要让小鳄蜥自行生活。"父亲"更过分，饿了的时候还有可能吞食自己的孩子。

遇到危险时，鳄蜥就会跳到水中逃生。

石龙子

石龙子：奇怪的"四脚蛇"

在马路边的草丛里、公园的假山上、河边的石缝中，经常可以见到一种身体细长、圆滑的蜥蜴，它们就是石龙子，也叫"四脚蛇"，这是因为它们身体细长，活像一条长了脚的小蛇。

丽纹石龙子

美丽的丽纹石龙子

丽纹石龙子的颜色十分引人注目，黑色的身体上有五道金色竖条纹，还拖着一条蓝色的尾巴。这种石龙子生活在农田和草丛里，有的甚至跟随人类进入房子里面。它们喜欢在向阳的地方晒太阳，行动敏捷，人们很难靠近。

爱吓人的蓝舌石龙子

　　许多蜥蜴会用特别的威吓方式吓跑敌人，蓝舌石龙子便是其中一种。遇到危险时，蓝舌石龙子会张开血盆大口，伸出深蓝色的舌头吓退敌人。如果这招不灵，它们还可以憋足一口气把自己胀大，并发出"咝咝"的巨响，令敌人感到害怕而逃开。

蓝舌石龙子的蓝色舌头

石龙子爱吃的食物

光滑细长的新石龙子

　　新石龙子是北美洲最奇特的蜥蜴之一。它们的身体很长，鼻子非常尖，而且几乎看不到腿。新石龙子一生大部分时间在地下度过。挖掘泥土时，它们不用爪子，而是扭动身体，在沙子中钻挖前进。

石龙子喜欢在石头下产卵。

在沙子里的沙石龙子

　　沙石龙子几乎一生都在沙中度过，它们的腿有些退化，平时基本不用；眼睛外面罩着一层透明的眼睑，避免眼睛被沙粒磨到。沙石龙子以一些昆虫为生。通常，它们在沙子里钻行，有时也会突然冲出来捕捉猎物。

长尾石龙子

沙石龙子

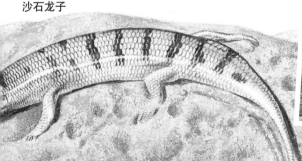

鬣蜥：戴围兜的宠物蜥

鬣蜥是爬行动物中最兴盛的一个类群，主要生活在墨西哥和美洲南部的森林中。鬣蜥不仅种类繁多，身体大小差异也很大，大的约有70厘米长，小的只有10厘米左右。鬣蜥的喉部长有一个大大的装饰袋，看上去既俏皮又可爱，难怪有人会把鬣蜥当成宠物呢！

鬣蜥是一种常见的爬行动物。

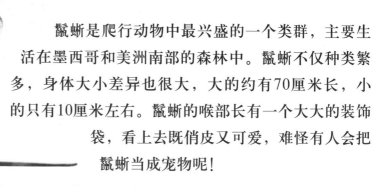
鬣蜥主要生活在森林中。

喉部的气囊袋

有些种类的鬣蜥喉部长有一个大大的袋子，耳孔下方还有一个很大的圆形鳞片。平时，袋子基本上做装饰用。但到了繁殖季节，这些鬣蜥会把这个"装饰袋"鼓成气囊，以吸引异性。通常，雄性鬣蜥的气囊袋和圆形鳞片要远大于雌性鬣蜥的。

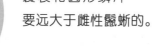

鬣蜥的气囊袋

防卫方法

鬣蜥身体的颜色有利于它们进行伪装，敌害一般很难发现它们。但当鬣蜥不幸被敌害发现时，它们便会很快地逃向水边，急速游离危险的地方。如果不幸遭遇袭击，它们就会用长尾反击敌害。

鬣蜥的长尾巴可以当作武器使用。

很多鬣蜥喜欢栖息在树上。

贪睡的陆鬣蜥

陆鬣蜥生活在干燥的陆地上，它们所需的水分大多来自于仙人掌的茎。它们对仙人掌上的刺毫不畏惧，啃食时通常连刺带茎一起吞下去。陆鬣蜥善于挖掘洞穴，而且非常贪睡，白天晒着太阳睡觉，晚上则躲到自己所挖的洞穴中去睡觉。

陆鬣蜥

过群居生活的海鬣蜥

海鬣蜥是唯一以海藻为食的蜥蜴，也是唯一过群居生活的蜥蜴。海鬣蜥的头上长着坚韧的肉刺，身披盔甲状的鳞片，背上有一条隆起的角刺，这一切使它们看起来十分威武。另外，海鬣蜥的尾巴也非常粗壮，具有"螺旋桨"和"船舵"的双重功能。

海鬣蜥

美洲绿鬣蜥

巨蜥：蜥中"大个子"

巨蜥是蜥蜴中最大的一类，主要产于东半球的热带和亚热带地区。它们身体笨重，四肢发达，身上覆盖着粗厚的鳞，脖颈和尾部都比较长，看起来就像小型的恐龙。

巨蜥

行动灵活的大个子

巨蜥大部分时间生活在陆地上。它们白天晚上都外出活动，尤其在清晨和傍晚时分活动最频繁。巨蜥虽然身躯较大，但行动却很灵活。它们不仅善于在水中游泳，也能爬上矮树。

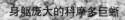
身躯庞大的科摩多巨蜥

退敌方法

　　巨蜥在遇到敌害时有许多不同的表现，如立刻爬到树上，用爪子抓树，发出噪声威吓对方；或者把吞吃不久的食物喷射出来引诱对方，自己乘机逃走，等等。但更多的时候，它们会英勇地与对方进行搏斗。

正在爬树的巨蜥

小巨蜥的成长

　　巨蜥约3岁时就可以繁衍后代，巨蜥的卵靠太阳照射及地面温度来孵化。小蜥蜴自己破壳而出后，就开始独立生活。最初小蜥蜴以容易捕获的昆虫、蚯蚓等为食，经过冬眠、蜕皮等一系列过程之后，成长的小蜥蜴也开始以小型动物为食。

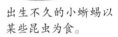

出生不久的小蜥蜴以某些昆虫为食。

体形最大的科摩多巨蜥

　　科摩多巨蜥是世界上最大的蜥蜴，成年巨蜥一般身长3.5～5米，因居住在印度尼西亚的科摩多岛而得名。它们皮肤粗糙，上面有许多隆起的疙瘩，没有鳞片，口腔中长满巨大而锋利的牙齿。科摩多巨蜥以岛上的野猪、鹿、猴子等为食，有时也潜入水中捕鱼。

科摩多巨蜥

巨蜥可通过恐吓方式吓退敌人。

变色龙的
食物

变色龙：隐身大师

　　许多动物都有变色的特性，它们在不同的环境里，会改变不同的颜色来保护自己，逃过敌人的眼睛。其中最著名的就是变色龙，正是通过这种变色的本领，使它们度过漫长的年代，活到今天。

变色龙很喜欢生活
在热带雨林中。

在树上生活

　　变色龙大多出现在雨林或热带大草原，有些则生活在山区。绝大部分变色龙长有善于攀援树干的脚掌和尾巴，因此它们大多栖息在树上，只有极少数种类在地面生活。

变色龙是最
善于伪装的
动物。

不停变换的身体颜色

变色龙是最善变的动物。在一天之内，它们可以变换六七种颜色：深夜时黄白色，黎明时暗绿色，阳光下黝黑发亮，发怒时斑斑点点，在温暖而不透光的环境中浑身翠绿，温度下降时就变成浅灰色。

变色龙的外形千差万别，变色的本领也各不相同。

正在变色的变色龙

变色的秘密

变色龙为什么能变化出这么多的颜色呢？秘密在它们的皮肤里。在那里，有一个变幻无穷的"色彩仓库"，储藏着蓝、绿、紫、黄、黑等奇形怪状的色素细胞。一旦周围的光线、湿度和温度发生了变化，一些色素细胞就会增大，而其他一些色素细胞会缩小，于是变色龙就表现出各种不同的颜色。

用舌头捕猎

变色龙主要吃昆虫，大型的变色龙也捕食鸟类。它们捕猎的主要武器是带有黏性的长舌头。在等待猎物出现时，它们的皮肤可以根据周围环境的不同而变换颜色。当发现猎物时，它们会慢慢爬近猎物，然后迅速喷射出舌头，将虫子粘住。这一动作在1秒钟之内就可以完成，变色龙喷射出来的舌头可以超过自身的体长。

变色龙的舌头是绝佳的捕食工具。

变色龙的两只眼睛能够分工合作。

奇特的眼睛

变色龙的一双眼睛十分奇特，眼皮很厚，几乎把眼睛全都包了起来，只剩下突出的眼球在外面。这双眼睛能上下左右灵活地转动，而且左眼和右眼还可以各自分工，观察不同的事物。

刚出生不久的小变色龙

在陆地上繁殖后代

多数变色龙以卵生方式繁殖后代。在繁殖期间，雌变色龙会到地面上产卵，卵大多埋在土里或腐烂的木头里。经过约3个月的孵化期后，幼体就会自己破壳而出。在南非，有几个种类的变色龙以卵胎生的方式繁殖后代。

正在"交流"的变色龙

传递信息

变色龙之间的信息传递和表达是通过变换体色来完成的，它们经常在捍卫自己领地和拒绝求偶者时，表现出不同的体色。比如，雄性变色龙对向侵犯领地的同类示威时，体色会呈现出明亮色。

变色龙家族有很多成员，但它们捕食的方式都是一样的。

高冠变色龙的卵

戴着"帽子"的高冠变色龙

高冠变色龙分布在也门与阿拉伯国家的西南部。它们有一个显著的特点，就是头部长有冠状突起，就像戴着一顶帽子。此外，它们的躯干、尾部中线、喉部及腹部正中线等处都覆盖着锯齿状鳞片；背部有黄色及绿色的宽纹，腹部为蓝绿色及黄色的带纹。

黑斑变色龙

高冠变色龙

非洲的黑斑变色龙生活在丛林里，它们的皮肤与树叶的颜色一致。尽管黑斑变色龙能够变色，但这一绝活只在它们发现危险时才会使出来。在敌害逼近时，黑斑变色龙的警告系统会通过改变皮肤颜色迅速做出反应。同时，它们的尾巴伸直开来，身体鼓足气，变成足以震慑敌害的可怕模样。

黑斑变色龙

壁虎：墙上漫步者

　　在南方温暖的夜晚，屋子里亮起灯后，人们很容易看到一种小型的蜥蜴——壁虎。壁虎是"飞檐走壁"的捕猎者，它们捕食昆虫时，沿着墙壁爬行，横穿天花板，甚至趴在光滑的窗玻璃上也不会掉下去。

壁虎是一种常见的小型爬行动物。

壁虎的脚趾下面长有很多细钩和鳞片，有很强的吸附力。

"飞檐走壁"

　　壁虎能在墙壁和天花板上自由穿梭，靠的是它们神奇的脚掌。壁虎的脚底长有肉眼看不见的极其细小的绒毛，这些绒毛就像一只只弯曲的小钩，能够轻而易举地抓住物体细小的突起，使它们稳稳当当地爬行。

高超的捕食本领

　　有的壁虎与人类生活在一起，不但对人类无害，而且还能捕食苍蝇、蚊子、蟑螂等害虫。壁虎捕食很有耐心，总是悄悄地爬近猎物，然后一动不动地等着，看好时机后迅速出击。壁虎与其他蜥蜴一样有灵巧的舌头，可以在瞬间像箭一样射出去，然后立刻收回，完成捕食任务。

壁虎正准备捕食苍蝇。

壁虎正在捕食飞蛾。

闭不上的眼睛

　　大多数壁虎都在夜间活动，它们的眼睛对光十分敏感。壁虎的眼睛很大，却没有活动的眼睑，只在下眼睑上长出一层透明的鳞片，盖在眼球上，所以它们的眼睛永远也闭不上。壁虎无法眨眼清除眼睛上的脏东西，所以一些壁虎就用舌头舔眼睛的方式来清洁眼球。

壁虎的眼睛合不上，所以只能用舌头去舔眼睛上的脏东西。

丢掉尾巴逃生

　　当壁虎被敌人抓到时，尾巴会自动断掉，以保住自己的性命。过一段时间，壁虎断了的尾巴又能重新长好，与原来的一模一样。

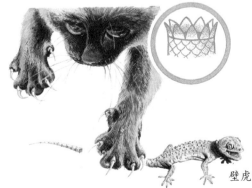

壁虎遇到危险就会把尾巴丢掉逃生。

呈"S"形
爬行的蛇

蛇：冷血杀手

蛇是一种冷血动物，并且面目可憎，捕杀猎物时毫不留情，因此有"冷血杀手"之称。它们和其他爬行动物有所不同：没有四肢，完全用腹部来爬行。

爬行的方式

蛇的爬行方式很奇特。有些蛇将身体扭动成"S"形，曲线前进；有些蛇一拱一伏地扭动身体向前爬行；有些蛇则直线爬行，身体前半部分的皮肤向前拱动，后半部分的皮肤向前跟进。

恐怖的进食

蛇进食时通常先把猎物咬死，然后吞食。蛇的嘴可随食物的大小而变化，遇到较大食物时，它们的下颌就会缩短变宽，成为紧紧包住食物的薄膜。蛇常从动物的头部开始吞食，吞食速度与食物大小有关。

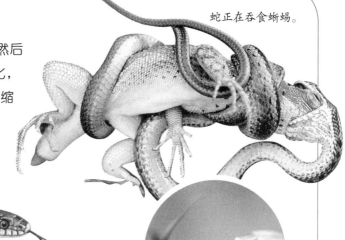

蛇正在吞食蜥蜴。

蛇主要靠舌头来探知猎物的方位。

"脱胎换骨"

蛇在一生中要经历多次蜕皮的过程。蜕皮前，新的蛇皮已经在旧皮下生长好了，而且新旧皮之间会分泌出一种润滑液，使蛇能将新旧皮轻易地分离。蛇通常从口部开始蜕皮，借助摩擦粗糙的岩石或树枝，先将头部前缘的鳞皮搓开，然后扭动身体，使全身的鳞皮蜕去。

正在蜕皮的蛇

毒蛇和无毒蛇

世界上的蛇一般分为有毒蛇和无毒蛇两种。毒蛇和无毒蛇的区别是：毒蛇的头一般是三角形的，口内有毒牙，尾巴短且会突然变细；无毒蛇头部为椭圆形，口内无毒牙，尾部是逐渐变细的。

竹叶青是一种毒蛇。

草花蛇是一种常见的无毒蛇。

王蛇：噬毒之王

王蛇是一种体形较大的蛇，它们本身无毒却以毒蛇为食，主要分布在美洲的加拿大东南部到厄瓜多尔一带。它们身体的颜色较深，鳞片上带有红色、黄色、黑色等环形条纹。

以毒蛇为食

王蛇之所以称为"王蛇"，是因为它们自身无毒，却以响尾蛇等毒蛇为食。王蛇敢拿毒蛇开餐的原因就是它们对毒蛇的毒性几乎免疫。此外，蜥蜴、老鼠、鸟类等小型动物也是它们的食物来源。

深红王蛇

坎贝里红王蛇

性情很温和

王蛇是一种性情很温和的蛇类，极少攻击人类。可是如果生命受到威胁，它们也会发出"嘶嘶"声并反击，有时还会卷成球体并把自己的排泄物喷向敌人。

灰带王蛇

加利福尼亚王蛇

　　加利福尼亚王蛇是王蛇家族中最普通的一员。它们看起来圆滚滚的，有一个扁扁的脑袋，通身有黑色和白色或棕色和乳白色相间的环状花纹，且较窄的浅色条纹和较宽的深色条纹交替出现，并且腹部两侧各有一条线纹。

普埃布兰奶王蛇

　　普埃布兰奶王蛇主要生活在墨西哥南部的普埃布拉、瓦哈卡等地，体长为70～90厘米，身体表面有红、黑、白三种颜色的环形条纹。在每两条红色环形条纹中间，总是有一对黑色条纹和一条白色条纹。

加利福尼亚王蛇

白化的加利福尼亚王蛇

墨西哥黑王蛇

普埃布兰奶王蛇

墨西哥王蛇

　　墨西哥王蛇主要分布在墨西哥中部地区，栖息于比较干燥的林区，常在夜间出来活动。不同的墨西哥王蛇之间，身上的条纹有很大不同，即使同一条王蛇生下的小蛇之间也会出现不同的条纹。

深色身体的墨西哥王蛇

浅色身体的墨西哥王蛇

锦蛇：见怪不怪

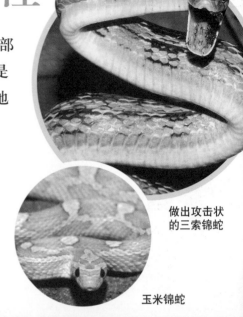

做出攻击状
的三索锦蛇

锦蛇也是一种无毒蛇。这种蛇的头部为椭圆形，与颈部有明显的区分。锦蛇是一种较为常见的蛇，在溪流、稻田、池塘、灌丛等处，常可以看到它们的身影。

玉米锦蛇

玉米锦蛇有很多种颜色，比较常见的有灰色、灰褐色、土黄色、橙色等。通常以这些颜色为底色，上面镶嵌着黑边的红或红褐色斑纹。玉米锦蛇性情温和，主要以小型哺乳动物、小鸟、小型蜥蜴、蛙等为食。

玉米锦蛇

正在进食的锦蛇

玉斑锦蛇

玉斑锦蛇主要生活在丘陵地区的林地，体长可达1米。它们的背面为紫灰色，头部有三道黑斑，背中央还有一行由几十个黑色菱形斑组成的花纹，菱形斑中央及边缘为黄色。玉斑锦蛇的腹部为灰白色，左右交错排列着黑横斑。它们一般以蜥蜴和鼠类为食。

玉斑锦蛇

三索锦蛇

三索锦蛇的眼旁有三条辐射开来的黑线纹，身体前半段有四条黑色纵纹。三索锦蛇动作敏捷，性情凶猛，受惊时，它们能够像眼镜蛇那样竖起身体前部，做出一副要攻击的样子，并发出嘶嘶声响。

锦蛇很少主动发动攻击。

锦蛇分布较广，喜欢在溪流、池塘等处活动。

三索锦蛇

黑眉锦蛇

黑眉锦蛇是一种大型的无毒蛇，它们的眼后有一条明显的黑纹，就像眉毛一样，因此得名。黑眉锦蛇行动敏捷，经常深入山区农家捕捉老鼠，还常常爬上树去，伺机偷袭飞鸟和盗吞窝内的鸟蛋。

眼镜蛇：别把我当近视眼

眼镜蛇在所有蛇类中名气最大，因为常常被当作毒蛇的代表。虽然它们的名字叫眼镜蛇，但它们与近视眼可没有一点关系，只是因为颈部的黑白斑酷似眼镜罢了。

眼镜蛇

颈部的"眼镜"

眼镜蛇生气的时候，身体前半部会竖起来，颈部变得扁平，同时发出"呼呼"的恐吓声，让人不寒而栗。它们的颈部扩张时，背面会呈现出一对美丽的黑白斑，看起来好像眼镜一样，眼镜蛇这个名字就是这样来的。

恐怖的"射手"

眼镜蛇遇到危险时，会"射击"对方，所用的"子弹"就是它们的毒液。在眼镜蛇的嘴里有一根小管，毒液通过它喷射出来。如果对方被击中，就会有生命危险。

前颈

后颈

眼镜蛇一般不会主动攻击人类。

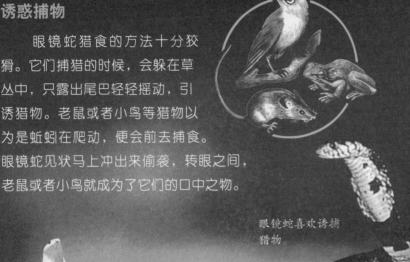

眼镜蛇的主要食物

诱惑捕物

　　眼镜蛇猎食的方法十分狡猾。它们捕猎的时候，会躲在草丛中，只露出尾巴轻轻摇动，引诱猎物。老鼠或者小鸟等猎物以为是蚯蚓在爬动，便会前去捕食。眼镜蛇见状马上冲出来偷袭，转眼之间，老鼠或者小鸟就成为了它们的口中之物。

眼镜蛇喜欢诱捕猎物。

珊瑚眼镜蛇

东方珊瑚眼镜蛇

　　东方珊瑚眼镜蛇是夜间活动的蛇。它们大部分时间在树叶或圆木下度过。这种蛇的身体像一根圆柱，头很小，而且身上的黑色、黄色、红色或白色圆环总是很鲜艳，看起来像刚画上去的一样。这样的色彩可能是为了警告那些潜在的敌人：它是危险的。

面对危险，眼镜蛇总是很警惕。

印度眼镜蛇

　　印度眼镜蛇体长约为2米，白天一般躲在丛林中，夜间出来活动。印度眼镜蛇在印度耍蛇人中很流行。当受到打扰时，它们会向后跃起，伸出肋骨，做出一种准备反击的姿势。印度眼镜蛇听不见任何声音，因此它们响应的是耍蛇人的动作，而不是音乐。

印度眼镜蛇

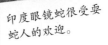

印度眼镜蛇很受耍蛇人的欢迎。

眼镜王蛇正在吞食其他蛇类。

眼镜王蛇

眼镜王蛇

　　眼镜王蛇是眼镜蛇中最凶猛的一类，可以说是世界上最危险的蛇。它们以其他蛇为食，饥饿时连同类都会吃。眼镜王蛇还会主动攻击人类，如果人被咬中，不到1小时就会断气。

印度尼西亚喷毒眼镜蛇

　　印度尼西亚喷毒眼镜蛇分布在马来西亚半岛和印度尼西亚较大的岛屿上，体长可以达到2米，长着光滑的鳞片和一个宽宽的脑袋。它们的体色是单一的黑色、棕色或深灰色，背部没有任何斑纹。这种蛇主要通过锯齿上的小孔向外喷射毒液。

虽然眼镜蛇是肉食动物，但它们的牙齿不能将食物撕开，只能先把猎物毒死，再整个吞下去。

印度尼西亚喷毒眼镜蛇

森林眼镜蛇

森林眼镜蛇是非洲最大的眼镜蛇，并且是唯一一种身体后半部分的颜色比身体前半部分深的蛇。它们体长可达2米，长着光滑闪亮的鳞片；头和身体的前半部分是灰棕色的，上面有黑色的大斑点；身体的后半部分是闪闪发光的黑色。

绿树眼镜蛇

绿树眼镜蛇是一种修长的大蛇，身上的鳞片很光滑，长着一个狭窄的脑袋，还有一双大大的深色眼睛。它们的头和身体是单一的翠绿色，但幼蛇刚孵化出来时是蓝绿色的。绿树眼镜蛇毒性较强，还很擅长攀爬，常爬到树上去捕捉鸟类。

绿树眼镜蛇

高昂着上半身的眼镜蛇

内陆太攀蛇：陆地第一毒

内陆太攀蛇分布在澳大利亚中部干旱的平原与草原地区。它们是陆地上毒性最强的蛇，但由于性情温顺，加上生活的地区没有人烟，因此很少有人被它们伤害。

内陆太攀蛇

外形特征

内陆太攀蛇的头部扁平，略微有点尖，眼睛相对较大。它们身上覆盖着灰色和黄褐色的鳞片，这些鳞片有时会镶着细细的黑边。整体看起来，内陆太攀蛇的躯干部分为褐色或橄榄绿色，腹部为黄白色，而头部则为黑色或者分布着黑色斑纹。

内陆太攀蛇比普通太攀蛇要小巧一些。

生活居所

内陆太攀蛇常居住在鼠穴、较深的地表裂缝或凹洞里，有时也寄居于石缝和墙洞中。它们经常在河滩地上干硬的泥巴裂缝中猎食老鼠等小动物。

内陆太攀蛇主要生活在人迹罕至的干旱地区。

太攀蛇家族有众多成员。

攻击和防御

内陆太攀蛇在捕食或受到惊扰时，会将前半身呈"S"形挺立起来，准备防御或者发动攻击。它们是世界上攻击速度最快的毒蛇，往往猎物还没来得及反应，就已被它们的毒牙连续咬了两三下。

毒性之王

内陆太攀蛇是陆地上最毒的蛇。它们的排毒量相当于眼镜王蛇的20倍。它们每咬一次受害者，排出的毒液就能在24小时内毒死20吨重猎物，这相当于两头成年非洲象的重量。

内陆太攀蛇采取攻击或防御姿势时，身体会抬离地面。

黑曼巴蛇：毒蛇之王

黑曼巴蛇主要分布在非洲南部，它们是非洲所有毒蛇中体形最长、速度最快、攻击性最强的杀手，也是世界十大毒蛇之一。

黑曼巴蛇是非洲的毒蛇之王。

黑曼巴蛇的头部就像一个长方形。

身体特征

黑曼巴蛇身体修长，成年的蛇通常都超过2米，最长可达4.5米，体重约为1.6千克。它们的头部像一个长方形，身体颜色为灰褐色，由背部到腹部逐渐变浅。这种蛇最独特的地方在于口腔内部是黑色的，当它们张开大口时可以清楚地见到，而它们名字中的"黑"就是由此而来。

黑曼巴蛇攻击时，常常翘起身体的前半段。

黑曼巴蛇喜欢栖息在灌木中。

极快的速度

黑曼巴蛇不仅有着庞大有力的躯体、致命的毒液，而且攻击时的速度也极其惊人。它们能以高达每小时19千米的速度追逐猎物，民间传说它们在短距离内跑得比马还快。

黑曼巴蛇的攻击速度非常快。

很强的攻击性

在非洲，黑曼巴蛇是最令人畏惧的蛇类，因为它们非常具有攻击性。当它们受到威胁时，就会高高竖起身体的前半段，并且张开黑色的大口发动攻击。身长3米的黑曼巴蛇攻击人类时能咬到人的脸部。

平时，黑曼巴蛇不会露出它们的毒牙。

致命的毒液

黑曼巴蛇毒液藏在它们的毒牙里。它们每次排出20滴毒液，这些毒液足可以杀死十个成年人。黑曼巴蛇的毒液是一种神经毒，被黑曼巴蛇咬中后，中毒者就会像喝醉酒一样，不知不觉地死去。

海蛇：海中毒蛇

海蛇是生活在海洋里的一种蛇类，有50多个家族成员。海蛇的身体大多比较小巧，它们和陆地上的眼镜蛇有着密切的亲缘关系，大部分都带有剧毒。

海蛇大多带有剧毒。

在海中生活的法宝

海蛇之所以能在海中生活，是因为它们都有像船桨一样扁平的尾巴，这使它们很善于游泳；海蛇都有盐分泌腺和能够紧闭的嘴，这使得它们可以适应苦涩的海水；它们大多长着毒牙，能杀死猎物和威慑敌人。

海蛇的尾巴又扁又宽，像船桨一样。

在珊瑚礁旁休息的海蛇

到水面呼吸

海蛇喜欢在大陆架和海岛周围的浅水中栖息，在水深超过100米的开阔海域中很少见到它们。海蛇很擅长潜水，不同海蛇潜水的深度不等，潜水的时间一般不超过30分钟，在水面上停留的时间也很短，每次只是露出头来，很快吸上一口气就又潜入水中了。

很多海蛇的身体带有
环状条纹。

捕猎不同的食物

　　很多海蛇的捕食习性与它们的身体形状有关。有的海蛇身体又粗又大，脖子却又细又长，头也小得出奇，这样的海蛇几乎全是以住在洞穴里的鳗类为食。有的海蛇牙齿又小又少，毒牙和毒腺也不大，这类海蛇的食物主要是鱼卵。还有些海蛇很喜欢捕食身上长有毒刺的鱼。除了鱼类，海蛇也常袭击较大的海洋生物。

海蛇的天敌

　　海蛇也有天敌，一些肉食性的海鸟就吃海蛇。它们一看见海蛇在海面上游动，就疾速从空中俯冲下来，衔起一条就远走高飞。尽管海蛇很凶狠，可它们一旦离开了水就失去了进攻能力，而且几乎完全不能自卫了。

珊瑚蛇：
"美人"有毒

珊瑚蛇是一种拥有众多成员的毒蛇，在除南极洲之外的各大洲都有分布。大部分珊瑚蛇身体都很细小，有着亮丽的条纹，错落有致，十分美丽。

有着美丽条纹的珊瑚蛇

西部珊瑚蛇

西部珊瑚蛇

西部珊瑚蛇是一种纤细的圆筒形蛇，长着光滑的鳞片，脑袋很小，几乎很难和脖子分清，还有一双小小的眼睛。它们的身体被红、白和黑色相间的条纹所覆盖，红色条纹的两端总是与白色的条纹相邻。这种蛇主要分布在美国亚利桑那州南部和墨西哥的部分地区，以蜥蜴和其他蛇类为食。

澳大利亚珊瑚蛇

澳大利亚珊瑚蛇是一种生活在澳大利亚东部地区的小蛇。这种蛇的身体是粉色或红色的，身上的鳞片十分光滑闪亮，有一条很宽的黑色条纹穿过它们的脑袋。此外，它们还长着一个稍稍向上翘的、突出的鼻子。澳大利亚珊瑚蛇喜欢居住在洞穴里，通常以蜥蜴为食。

澳大利亚珊瑚蛇

南方珊瑚蛇

　　南方珊瑚蛇是一种纤细的圆筒形蛇，长着光滑的鳞片和小小的眼睛。这种蛇身体上条纹的排列与众不同，在粗红色的条纹中间，有一对白色条纹和三条很细的黑色条纹，因此条纹的排列顺序依次是：红—黑—白—黑—白—黑—红。

南方珊瑚蛇身上的条纹排列方式与众不同。

非洲珊瑚蛇

非洲珊瑚蛇

　　非洲珊瑚蛇是一种体形短粗的蛇，身上的鳞片很光滑，鼻子上覆盖着一片巨大的三角形鳞片。这种蛇通常是橘黄色或粉色的，身上带有一系列黑色的环纹；有一条黑色的线条穿过眼睛，还有一条黑色的斑纹绕在脖子上。非洲珊瑚蛇主要分布在南部非洲干燥的草地及半沙漠地区，以小型爬行动物和哺乳动物为食，它们的毒性不是很强。

珊瑚蛇和王蛇在外形上很相似，都带有毒性。

非洲珊瑚蛇主要生活在气候比较干燥的地区。

蝰蛇："独具慧眼"的蛇

　　蝰蛇代表着蛇类进化的最高层次，具有一些其他蛇所没有的特征。蝰蛇活动时，利用了眼睛和热感应器官，感觉十分敏锐。而且蝰蛇能够绝对控制毒牙的运动，甚至有选择地每次只竖起一颗毒牙。

咝蝰

铁轨边是咝蝰经常活动的场所。

蝰蛇的身体比头部粗壮很多。

会"咝咝"叫的咝蝰

　　咝蝰是非洲最危险的蛇之一。天黑之后，它们常常静静地等在马路边和铁轨边，人们会因为踩到它们而受到巨大伤害。咝蝰的生活范围极广，从林区到半沙漠地区都有它们的踪迹。当它们受到威胁时，总是使自己膨胀起来，并发出"咝咝"声，因此得名"咝蝰"。

很多蝰蛇的背上有颜色较深的斑纹。

有角龙纹蝰

鳞片打卷儿的毛灌木蝰蛇

　　毛灌木蝰蛇是一种纤细的蛇，身上的鳞片在顶端打起了卷，向上翻翘，特别是脖子上的鳞片更加明显，这使得它们看起来像长了穗一样，毛灌木蝰蛇也由此得名。毛灌木蝰蛇的眼睛非常大，因此视力非常好，能看清远处的猎物。

露出毒牙的蝰蛇

蜂蛇和它们爱吃的
食物

穿"绿衣"的波普氏坑蜂

波普氏坑蜂是一种较细的蜂蛇，身体侧扁，长着一
个较大的三角形脑袋。它们身体是纯绿色的，但尾巴
通常是红色或红棕色的。这种蛇的幼蛇腹部两侧各
有一条灰白色的线条，有些成年蛇的身体上也会出
现灰白色的线条。

波普氏坑蜂接近头部的地
方扁得如同一条带子。

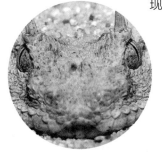

和黄沙融为一体的角蜂

长角的沙漠角蜂

沙漠角蜂是一种十分纤细的蜂蛇，身上长有粗糙的
鳞片，脑袋宽阔，每只眼睛上还覆盖着一个长长的角形鳞
片。沙漠角蜂常常随着侧风移动，在受到打扰时，它们会
摩擦身上的鳞片，发出刺耳的响声，让人闻风丧胆。

响尾蛇：我的尾巴会说话

在安静的沙漠里，时常有一种"沙沙"声，是风声吗？不是。这是响尾蛇振动的尾巴发出的。响尾蛇利用这种声音引诱小动物，或者吓跑敌人。

尾节的结构

响尾蛇

奇特的尾巴

响尾蛇到底是怎么弄得"沙沙"作响的呢？因为它们的尾巴很特别：有许多响环。这些响环是一堆鳞片样的硬皮肤。其他蛇蜕皮时，全部皮肤都会蜕掉，但响尾蛇会在尾部留下一些老皮肤，因此就形成了一个个响环。当响尾蛇摇动尾巴时，响环之间就会发出"沙沙"声。

"火眼金睛"

响尾蛇可以在伸手不见五指的黑夜里准确地捉到老鼠。这是因为在响尾蛇的两眼和鼻孔之间有两个能感受温度变化的小窝：热眼。很多动物的体温可以发出一种人眼看不见的红外线，但响尾蛇的热眼能看到这些光线，所以在黑漆漆的夜晚，响尾蛇仍能发现猎物。

响尾蛇通过眼睛和鼻子中间的"热眼"，能知道猎物藏在哪儿。

响尾蛇生孩子

响尾蛇不像其他蛇那样产卵孵化，而是直接生下小蛇。每一条生下来的小蛇都裹在一层薄膜里，它们会努力挣脱这一束缚。刚见到世界的小蛇会在"妈妈"身边待几天，然后纷纷离开，自己生活。

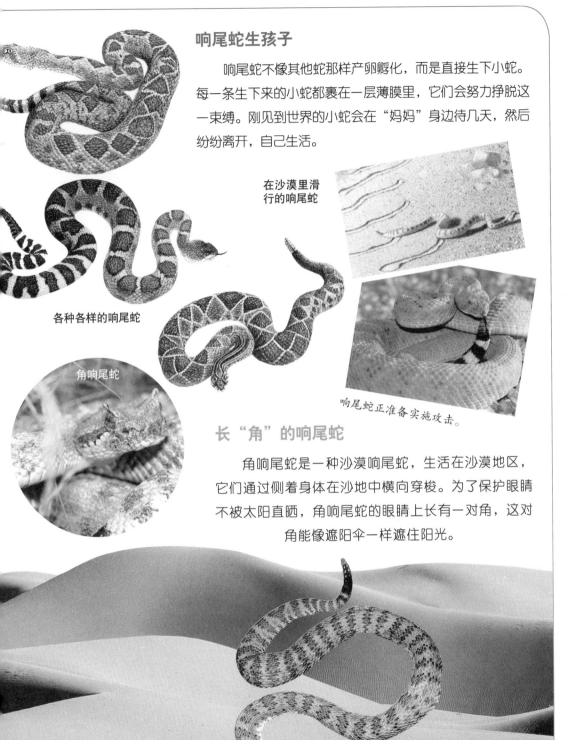

在沙漠里滑行的响尾蛇

各种各样的响尾蛇

角响尾蛇

响尾蛇正准备实施攻击。

长"角"的响尾蛇

角响尾蛇是一种沙漠响尾蛇，生活在沙漠地区，它们通过侧着身体在沙地中横向穿梭。为了保护眼睛不被太阳直晒，角响尾蛇的眼睛上长有一对角，这对角能像遮阳伞一样遮住阳光。

响尾蛇主要生活在沙漠地区。

蝮蛇：盘个圈圈吓唬你

蝮蛇是我国分布最广、数量最多的一种毒蛇。它们常栖在平原、丘陵、低山区、田野溪沟的乱石堆下或草丛中，喜欢弯曲成圆盘状或波纹状。

蝮蛇是我国数量最多的一种毒蛇。

蝮蛇喜欢弯曲成圆盘形。

蝮蛇的外貌

蝮蛇是一种小型蛇类，身体长60～70厘米，头部看起来稍微有点像三角形。它们背部的颜色为灰褐色到褐色，头部背面有一个深色的"∧"形斑；腹部为灰白到灰褐色，中间夹杂着黑色的斑纹。

蝮蛇的生活规律由温度决定。

生活规律由温度决定

蝮蛇的繁殖、取食、活动等都受温度的制约：30℃以上钻进洞穴栖息，一般不捕食；20℃～25℃为捕食高峰；低于10℃时几乎不捕食；5℃以下进入冬眠。等到来年春暖花开，蝮蛇醒来之后，就会立刻外出寻找食物。

小蛇出生

蝮蛇的繁殖方式和大多数蛇类不同：大多数蛇生出蛇卵，然后孵化，而蝮蛇胚胎在雌蛇体内就开始发育，雌蛇直接生出小蛇。小蛇出生后就可以独立生活。由于这种生殖方式使得小蛇的胚胎能够很好地受母体保护，所以成活率很高。

栖息在树枝上的蝮蛇

蝮蛇的"天堂"

在辽宁省大连市西北方向的渤海中，有一个约1平方千米的小岛——蛇岛。这里是蝮蛇的天堂，共生活有近2万条蝮蛇。这里的蝮蛇大多栖息在石缝中、草丛里及树枝上。一棵小树上往往栖息着几条甚至几十条蝮蛇。

蛇岛

蝮蛇和蝰蛇是近亲。

缠在树上的蟒蛇

蟒蛇：蛇中"巨人"

蟒蛇是世界上最大最长的一种蛇，分布十分广泛。蟒蛇虽然没有毒，但是同样不能小看它们，因为它们往往以缠绕的方法杀死猎物，然后把猎物整个吞咽下去。

蟒蛇的分布

蟒蛇属于树栖性或水栖性蛇类，生活在热带雨林和亚热带潮湿的森林中。蟒蛇的活动范围很广，它们不仅能上树捕食鸟蛋、下水捕鱼，还能到田地里捕食泥鳅。

蟒蛇将猎物紧紧缠住。

蟒蛇主要生活在气候温暖的森林中。

爱"缠人"的蟒蛇

　　蟒蛇常以缠绕的方法杀死猎物。它们发现猎物时，先用利牙咬住猎物，然后将身体牢牢地缠绕在猎物上。猎物每呼吸一次，蟒蛇就缠紧一些，直至猎物窒息而死。而后，蟒蛇开始进食。蟒蛇进食时不经过咀嚼，而是直接将猎物从喉部推入胃部。

蟒蛇正在吞食老鼠。

小个子天敌

　　蟒蛇块头大、力气惊人，很少有动物敢招惹它们。但它们也有天敌，刺猬就是其中之一。刺猬浑身的刺令蟒蛇难以下口，只好放弃。但刺猬却毫不畏惧体形庞大的蟒蛇，常反复猛咬蟒蛇，最终咬伤甚至咬死蟒蛇。

小个子刺猬常常欺负大块头蟒蛇。

白唇蟒

正在做威吓状的蟒蛇

长着白嘴唇的白唇蟒

　　白唇蟒有一个明显的特征，就是长着和身体颜色完全不同的白色"嘴唇"。它们有着修长的身体和窄窄的脑袋，身体和头部的颜色基本为黑色，并且泛着光泽。白唇蟒天性凶猛，具有很强的攻击性，它们主要捕食哺乳动物，有时候也吃鸟类。

以树为家的绿树蟒

　　绿树蟒是一种小型蟒蛇，身体大多呈亮绿色。它们一生中的大部分时间是在树上度过的，只有产卵时才下到地面。绿树蟒常把亮绿色的身体缠绕在树枝上，静候鸟和其他动物靠近。一旦发动袭击，它们就会想尽办法对付猎物。

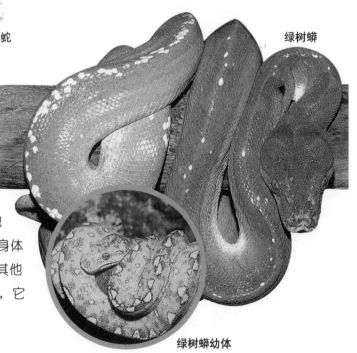

绿树蟒

绿树蟒幼体

身体最长的网斑蟒

网斑蟒是世界上最长的蟒蛇，也是人们发现的唯一体长可以达到10米的蟒蛇。但就体长而言，它们日常消耗的热量相比其他蟒蛇要少很多。这种蟒一次能产下100枚卵。雌蟒会一直看护着卵，直到它们孵化出来。

网斑蟒

强壮的非洲蟒

非洲蟒是一种力气很大的蟒。它们都长着宽宽的脑袋，脑袋上覆盖着无数细小的鳞片。非洲蟒身体的颜色通常为棕色或绿棕色，背上有不规则的深棕色斑纹。这种蟒对温度极其敏感，能察觉到周围大于0.26℃的温差，这非常有利于它们捕捉冷血动物。

非洲蟒

非洲蟒正在和鳄鱼搏斗。

光彩照人的巴西彩虹蟒

巴西彩虹蟒的鳞片上泛着美丽的晕光，身体看起来光彩夺目，这也是它们名字的由来。它们的背部有一排不规则的黑色圆圈，并且沿着身体两侧还有黑色的"眼状斑纹"。这种蟒蛇身体长约2米，主要分布在南美洲北部的热带森林中。

巴西彩虹蟒的身体上长满美丽的斑纹。

图书在版编目（CIP）数据

奇异王国 / 龚勋主编. —沈阳:辽宁少年儿童出版社,2015.7（2020.10 重印）
（儿童动植物科普馆）
ISBN 978 - 7 - 5315 - 6466 - 9

I. ①奇… II. ①龚… III. ①动物—儿童读物 IV. ①Q95 - 49

中国版本图书馆 CIP 数据核字（2015）第 064179 号

出版发行:北方联合出版传媒(集团)股份有限公司
　　　　辽宁少年儿童出版社
出 版 人:胡运江
地　　址:沈阳市和平区十一纬路 25 号
邮　　编:110003
发行(销售)部电话:024 - 23284265
总编室电话:024 - 23284269
E - mail:lnse@ mail. lnpgc. com. cn
http://www. lnse. com
承 印 厂:北京密兴印刷有限公司

责任编辑:孟　萍
责任校对:李　爽
封面设计:宋双成
版式设计:冯　唯
责任印制:吕国刚

幅面尺寸:169 mm × 235 mm
印　　张:8　　　　字数:156 千字
出版时间:2015 年 7 月第 1 版
印刷时间:2020 年 10 月第 2 次印刷
标准书号:ISBN 978 - 7 - 5315 - 6466 - 9
定　　价:18.00 元